铀矿山土壤生物修复理论与技术

陈井影　高　柏　著

中国原子能出版社

图书在版编目（CIP）数据

铀矿山土壤生物修复理论与技术 / 陈井影，高柏著.
— 北京：中国原子能出版社，2020.12
ISBN 978-7-5221-1116-2

Ⅰ.①铀… Ⅱ.①陈… ②高… Ⅲ.①铀矿－矿山环
境－污染土壤－生态恢复－研究 Ⅳ.①X753

中国版本图书馆 CIP 数据核字（2020）第 234995 号

内容简介

本书以铀矿山土壤污染修复问题为核心，概况总结了铀矿山土壤中放射性核素污染的现状及治理技术，并对研究区土壤铀污染特征及来源进行了分析；从生物修复的角度，论述了铀矿山土壤治理的方法和技术，并从植物修复技术着手，重点研究了植物间作强化植物修复和丛枝菌根真菌－植物联合修复铀污染土壤的技术。本书可作为环境科学与工程、土壤学等学科普通高等学校研究生，以及有关专业科研工作者、工程技术和管理人员，政府、矿山企业负责环境保护工作的人员参考使用。

铀矿山土壤生物修复理论与技术

出版发行	中国原子能出版社（北京市海淀区阜成路 43 号　100048）
策划编辑	韩　霞
责任编辑	韩　霞
装帧设计	赵　杰
责任校对	宋　巍
责任印制	赵　明
印　　刷	北京金港印刷有限公司
经　　销	全国新华书店
开　　本	787 mm×1092 mm　1/16
印　　张	9.25　　　　字　　数　200 千字
版　　次	2020 年 12 月第 1 版　2020 年 12 月第 1 次印刷
书　　号	ISBN 978-7-5221-1116-2　　　定　　价　**70.00** 元

发行电话：010-68452845　　　　　版权所有　侵权必究

《铀矿山环境修复系列丛书》
主要作者

孙占学　高柏　陈井影　马文洁
曾华　李亦然　郭亚丹　刘媛媛

此套丛书为以下项目资助成果

河北省重点研发计划（18274216D）
核资源与环境国家重点实验室（Z1507）
江西省双一流优势学科"地质资源与地质工程"
江西省国土资源厅（赣国土资函〔2017〕315号）
江西省自然科学基金（20132BAB203031、20171BAB203027）
国家自然科学基金（41162007、41362011、41867021、21407023、21966004、41502235）

核军工是打破核威胁霸权、维持我国核威慑、维护世界核安全的有效保障。铀资源是国防军工不可或缺的战略资源，是我国实现从核大国向核强国地位转变的根本保障。铀矿开采为我国核能和核技术的开发利用提供了铀资源保证，铀矿山开采带来的放射性核素和重金属离子对生态环境造成的风险日益受到政府和社会高度关注，铀矿山生态环境保护和生态修复被列入《核安全与放射性污染防治十三五规划及2025年远景目标》。

创办于1956年的东华理工大学是中国核工业第一所高等学校，是江西省人民政府与国家国防科技工业局、自然资源部、中国核工业集团公司共建的具有地学和核科学特色的多科性大学。学校始终坚持国家利益至上、民族利益至上的宗旨，牢记服务国防军工的历史使命，形成了核燃料循环系统9个特色优势学科群，核地学及涉核相关学科所形成的人才培养和科学研究体系，为我国核大国地位的确立、为国防科技工业发展和地方经济建设作出了重要贡献。

为进一步促进我国铀矿山生态环境保护和生态文明建设，东华理工大学高柏教授团队依托核资源与环境国家重点实验室、放射性地质国家级实验教学示范中心、放射性地质与勘探技术国防重点学科实验室、国际原子能机构参比实验室等高水平科研平台，在"辐射防护与环境保护"国家国防特色学科和"地质资源与地质工程"双一流建设学科支持下，针对新时期我国核工业发展中迫切需要解决退役铀矿山放射性废物治理和生态环境保护等重要课题进行了系列研究。主要成果包括典型放射性污染场地土水系统中放射性污染物的时空分布特征和迁移转化机制，识别影响放射性污染物时空分布的关键因子，建立土水系统中放射性污染物时空分布的量化表达方法；研发放射性污染土壤高效化学淋洗药剂和功能化磁性吸附材料，识别影响化学淋洗和磁清洗修复效果的关键因素，研发铀矿区重度放射性污染土壤化学淋洗技术、磁清洗技术以及清洗浓集液中铀的分离回收利用与处置技术；筛选适用于放射性污染场地土壤修复的铀超富集植物，探索缓释螯合剂/微生物/植物联合修复技术；应用验证放射性污染场地的土—水联合修复技术集成与工程示范，形成可复制推广的技术方案。

这些成果有助于解决铀矿山放射性污染预防和污染修复核心科学问题，奠定铀矿山放射性污染治理和生态保护理论基础，可为我国"十四五"铀矿区核素污染治理计划的顺利实施提供重要的理论基础和技术支撑。

前言
PREFACE

　　随着我国核武器试爆基地逐步对外开放、铀矿采冶活动及铀矿山退役的增加，铀矿山区域土壤及放射性污染土壤的治理与修复问题逐渐引起了学者们的关注。铀矿山放射性污染土壤的修复是环保工作者亟待解决的重大问题之一。铀矿山土壤放射性污染具有污染面积广、治理难等特点，传统的物理、化学方法虽表现出较好的修复效果，但难以适用于污染范围大的铀矿区污染治理，廉价、环保的生物修复技术是解决大面积铀矿山土壤污染问题的关键。因此，有必要以典型区域为例进行研究，进而为铀矿山土壤的修复提出具体的解决方案。

　　本书以铀矿山铀污染土壤为研究对象，选取黑麦草、小白菜、三叶草等为供试植物，主要研究内容包括：① 研究了不同水平的铀污染条件下，黑麦草的生物量、黑麦草对铀的富集特征、根际土壤铀的形态及转化以及铀胁迫下的根际效应，明确螯合剂诱导黑麦草修复铀污染土壤的根际效应机制；② 通过优化的植物间作强化修复技术，探究黑麦草和小白菜间作种植模式下对铀污染土壤的修复作用机制；③ 在前期铀矿区土壤中丛枝菌根和植物资源的研究基础上，探讨丛枝菌根真菌对植物生长及铀富集和转运的影响，研究黑麦草和三叶草与丛枝菌根真菌联合修复铀污染土壤的技术与机制。通过上述研究，探究了几种不同生物技术对铀污染土壤的修复作用机制，发现采取化学调控、微生物诱导、植物间作强化等不同形式的联合生物技术修复效果更好，研究成果为铀矿山土壤的修复实践提供了研究基础。

　　本书的研究内容源自国家自然科学基金青年基金资助项目（21407023）：铀矿山土壤根际放射性核素形态以及生物有效性分析；核资源与环境国家重点实验室开放基金项目（Z1507）：放射性核素 U 污染土壤 AM 修复技术应用分析；江西自然科学基金项目（20171BAB203027）：AM－植物对放射性核素 U 污染土壤修复机制研究。

目录
CONTENTS

第1章

绪　论

1.1　研究背景与意义

1.1.1　研究背景

铀矿资源是国家核能及核军工事业发展的基础。随着我国核武器试爆基地逐步对外开放、铀矿采冶活动及铀矿山退役的增加,铀矿山及其周边的土壤治理与修复问题逐渐引起了学者们的关注。铀矿冶地域放射性污染土壤的修复是环保工作者亟待解决的重大问题之一[1-7]。国际社会对于铀矿山的环境保护问题也一直保持着高度关注。瑞士洛桑联邦理工大学的研究人员对某废弃矿山的放射性污染问题进行研究,发现在法国中部一个受过铀矿开采影响的湿地土壤中的铀浓度较其他区域高几十倍[8]。在俄罗斯东南西伯利亚的一处开采 30 年的铀矿区,其附近草原土壤铀浓度超过 1000 mg/kg,污染区土壤节肢动物丰度和多样性比对照区低 3～37 倍,甲虫体内铀含量比对照区高出 2～41倍[9]。和西方国家不同的是,中国的铀矿冶企业很多在人口稠密区,并且由于土地资源紧张,在部分被放射性物质污染的土壤上依然进行着农业生产,导致居民的健康安全面临极大威胁[10]。加之国内铀矿山附近环境比较复杂,这种情况下,会给污染治理工作带来更大的困难。多个研究已经表明[8-18],矿山土壤放射性核素污染对于当地的矿区生态环境和人类健康构成了威胁。因此,有必要以典型区域为例进行研究,进而为矿山放射性核素污染土壤的修复提出具体的解决方案。

1.1.2　研究意义

随着核能的发展,铀矿资源的需求也在逐年增加。据统计,世界上有 10 多个国家从事铀矿冶生产,全世界铀尾矿总产量已超过 200 亿 t[19-21]。如果这些铀废料处理不当,铀就会流失并扩散到土壤表面,或通过风蚀进入空气,或通过淋滤渗入地下水[22]。土壤是铀在环境中富集并产生污染的重要途径,铀矿山土壤放射性污染是世界各国面临的重大难题。在国内铀矿开发活动愈发频繁的背景下,铀矿山退役总数逐年上升,铀矿山放射性污染土壤的修复与治理呼声越来越高,科学治理技术的研发已迫在眉睫。

在大面积土壤污染形势下，完全弃耕难以实现，安全有效的原位生物修复技术亟需解决。近年来，尽管放射性核素污染土壤的植物和微生物修复都取得了长足进步[23-32]，但这两种方法单独使用时都还存在不足。一些微生物只能对特定的放射性核素有作用，有些接种到环境中的微生物受土壤营养成分影响较大，很难调控。植物修复是一条相对经济、便捷和安全的途径，但是，仅就耐放射性核素超量累积植物角度考虑，已证明有其自身的局限性，植物受环境的理化性质影响显著，且修复周期较长。这些问题的解决，关键在于对植物—微生物吸附转运铀等放射性物质作用机制的认识。

因此，开展生物技术修复放射性污染土壤的方法及其机理研究，发挥我国植物资源优势，开发适合国情的自主知识产权的放射性核素污染土壤的生物修复技术，对发展矿山土壤修复的理论方法，促进我国铀矿冶的可持续发展具有重要意义。为此，有必要以典型区域为例进行研究，进而为矿区放射性核素污染土壤的修复提出具体的解决方案。

在对铀矿冶地域进行土壤污染治理与评价的研究时，主要的目标污染物是核素铀。基于此，围绕典型铀矿山土壤，研究放射性核素铀污染土壤的生物修复技术，对实现"绿色矿山"具有重要意义。

1.2　铀矿山土壤铀来源及危害

1.2.1　铀矿山土壤铀来源

岩石经过风化、雨水浸蚀以及火山爆发等一系列活动，逐渐在土壤中形成了天然铀，土壤中的天然铀含量较低，属人类可接受范围，不会影响到人类的日常生活。土壤作为生态系统的重要组成部分之一，其是污染物在各环境要素间迁移转化的重要介质，是各类污染物聚集的主要场所，所以人为污染源是土壤铀的主要来源。

1939 年，Hahn 和 Strassmann 发现了铀的核裂变现象[33]，导致全球核工业、核能、铀资源的大规模开发利用。在过去的 100 年里，铀矿的过度开采产生了大量低品位废石、废渣，并长期堆积在矿区和尾矿库中。国际原子能机构的普查数据显示，全球约有 10 亿 t 铀尾矿分布在世界各地 4000 个矿场内[34]。在中国超过 14 个矿产省份 30 多个地区分布着大约 200 个铀尾矿池[35]和 150 余处固体废物贮存场所[36]。根据我国当前铀生产水平，每生产 1 t 铀金属，大约会产生 600 多吨的铀尾矿。铀矿开采过程中遗留大量的铀尾矿和废渣，在露天状态下，经过雨水淋滤、风化作用，放射性核素铀渗滤液不断淋浸析出渗入土壤层，进入土壤环境中的铀随着物质不断转换迁移到生物圈，由于铀污染具有累积性、隐蔽性、长期性、不可逆转和重金属毒性的特点，对生态环境造成巨大危害[37]。例如在德国某铀尾矿库周边土壤中铀含量达到 275 mg/kg，其地下水铀含量达到 707 mg/L[38]；在俄罗斯西伯利亚地区的一处生产 30 年的铀矿区，其周边草原表层土壤铀含量高达 1000 mg/kg[39]；苏联与东德联合开采铀矿几十年中，由于开采后产生大量的废石和废渣，导致矿区大面积土壤受到严重的放射性污染[40]。可见，铀矿开采活动形成的放射性固体废物是铀矿山土壤中铀的主要来源。

1.2.2 铀污染的危害

中国《核工业三十年辐射环境质量评价》报告中指出，铀矿冶导致土壤和水体中存在的放射性核素，对周围人类辐射的总剂量约占核燃料辐射总剂量的 91.5%，其污染源头是铀尾矿。黄建兵等[41]研究发现，在某退役铀冶炼厂周围的 γ 辐射空气吸收剂量高于天然放射性水平背景值，对当地的农作物检测发现，其中的铀含量比本底值高出一个数量级。人类通过吸入含铀气溶胶、饮用含铀污染水、食物链 3 种方式[42]将环境中的铀吸收到体内，进入人体内的铀化合物可被逐渐融解，产生铀酰离子 UO_2^{2+}，部分进入血液中的 UO_2^{2+} 可依靠肾脏在 24～30 h 内逐渐以尿液的方式排出，但剩余10%则会在人体内肾、骨、肺中不断累积[43-44]，引发内照射增加患骨癌、肺癌以及生殖发育障碍的风险，甚至会发生远后效应危及人类健康[45-46]。铀的毒性主要表现在其化学性和放射性。铀在衰变过程中会产生 α 和 β 射线，进入人体中的铀一部分随着血液流经各个重要器官并诱发癌症引起放射性病变[47-49]。一部分铀被骨骼吸收提高患骨癌等疾病的概率，对于肾脏的损害主要来自铀的化学毒性[50-51]。由于铀属于长寿命放射性核素，衰变周期较长，同时会释放氡及其衰变子体，对环境产生长久的威胁。铀等放射性核素不能被生物降解，一旦进入生态环境或被生物体吸收进入体内，其潜在危害性会长久存在。

1.3 铀矿山土壤铀污染现状

铀矿的开采和冶炼是造成铀污染环境最主要的原因，铀资源开采满足核能和核技术利用的同时，也产生了大量的含有 ^{238}U、^{232}Th、^{226}Ra 等核素的废石、尾矿、废液等放射性废物，这些废物中的核素属长寿命的放射性核素，半衰期长达 $4.49×10^9$ 年（^{238}U）、83 000 年（^{230}Th）、1600 年（^{226}Ra），按目前工艺技术和经济条件难以完全将核素分离出来[52-55]。因此，将会给土壤、水资源、生态带来长期的放射性危害隐患。有研究表明，矿产资源的开发和利用均不可避免地会对矿区的土壤和水体造成污染。国外的一些研究已经证实，在受放射性核素污染的土壤上种植的农作物中同样存在放射性核素积累[56-60]。尾矿库是核燃料生产系统中储存放射性废物数量最庞大的场所，随着时间的推移以及不可预料的各种地下水文地质等运动，可能导致尾矿中的放射性核素随地下水运动迁移到生物圈、土壤圈，随之引起的周边环境土壤污染给人类的生命和健康带来巨大的威胁[61-64]。

许多学者对土壤中放射性核素的空间分布特征进行了大量研究。曹龙生等[65]通过分析中国各省土壤中天然放射性核素^{238}U、^{232}Th、^{226}Ra 和^{40}K 含量，发现土壤中的天然放射性核素分布具有地域性。姚高扬等[66]研究不同深度放射性核素^{238}U、^{232}Th、^{226}Ra 和^{40}K 的分布特征，表明放射性核素含量随深度增加呈递减趋势。有文献报道，在一些被铀污染的区域和铀矿床附近区域的铀的浓度可高达几十至几百毫克/千克[67-68]。对比西班牙一个铀矿区和非铀矿区放射性核素的状况，可以看出铀矿开采显著增加了土壤中天然放射性核素的比活度[69]。李香梅等[70]的研究表明，铀矿井排风口周边土壤的放射性核素累积呈逐年递增趋势。土壤是生态圈的重要组成部分，是人类赖以生存的最基本的物质基础之一，又是各种污染物的主要归宿。土壤层是含铀渗滤液流入环境的第一道天然屏障，由于环境中多种因素的影响，铀开采过程和尾矿库中所产生的含铀渗滤液有可能穿过工程屏障，渗入土壤层，并随着水的流动迁移到生物圈，土壤被铀污染后，一方面具有放射性污染，通过放射性衰变产生射线穿透机体组织，损害细胞；另一方面，可通过呼吸系统或食物链等途径进入人体，造成损害更大的内照射损伤，严重威胁生态环境和人类的健康[71-73]。因此，放射性核素污染土壤的防治与修复是亟待解决的环境问题[74-75]。

1.4　铀污染土壤生物修复技术研究现状

为了减少土壤铀及其衰变子体污染所带来的实际危害和潜在风险，国内外研究者提出各种治理技术，包括物理、化学和生物的技术[76-80]。其中，物理、化学技术以热处理、土壤淋洗法、客土法、翻土法、换土法等为主[81]。这些传统的处理方法虽能处理，但常常存在再生困难，重复利用率低，容易产生二次污染，以及运输成本高等一系列问题，限制了其进一步实际应用[82]。在环保理念逐渐深入人心的今天，应当灵活调整研究方向，即以保护生态环境为前提，寻求科学、有效的放射性核素污染治理途径。相比之下，生物修复技术因具有成本低、无二次污染等特点展现出巨大优势，因此具有广阔的应用前景[83-84]。

生物修复由概念层面来看，即通过特定植物或微生物系统除掉土壤与水内污染物或减小其毒性，确保被污染环境的外观、功能均可正常恢复[85]。根据发展现状可知，生物修复技术主要可划分为 3 类[86]，植物修复、微生物修复和植物微生物联合修复。

1.4.1　铀污染土壤植物修复技术

植物修复技术即通过植物完成污染物固定、吸收、转移、转化和降解，使其对环境无害或循环利用的环境治理技术。大量研究结果表明，一些植物（譬如黑麦草、印度芥菜、亚麻、蕨类、三叶草等）均可以利用根系吸收土壤内铀及其伴生产物，因而证明植物修复具有治理铀污染土壤的可行性[87-90]。荣丽杉[91]在不同铀浓度（0、1、5、20 mg/kg）

下，对印度芥菜进行了盆栽试验，结果表明：随着土壤铀浓度的增加，印度芥菜中铀的富集程度增加，根中铀的富集程度远高于茎叶，说明印度芥菜具有修复铀污染土壤的潜力。荣丽杉等[92]还探讨了芥菜、紫花苜蓿等 5 种植物对铀的吸附特性，以及铀在 5 种植物中的富集特性差异，发现 5 种植物根中铀的浓度均高于地上部分；其中高浓度的铀会导致紫花苜蓿的死亡，紫花苜蓿仅适用于低浓度铀污染土壤的修复过程。曾峰[93]采用稳定性同位素模拟放射性核素的方式，对锶、铯、铀污染土壤进行二次修复研究，结果发现，菊苣对铀的富集能力要远高于反枝苋、红圆叶苋、藜等植物。查忠勇等[94]选取特选榨菜修复铀污染土壤，结果表明：在土壤 pH＝5，铀污染浓度为 100 mg/kg 时，榨菜地上部分铀富集的浓度超过 1100 mg/kg，根部超过 1900 mg/kg。

1.4.2 铀污染土壤微生物修复技术

微生物修复技术主要借助微生物代谢过程，依靠吸附、沉淀等过程让铀稳定于土壤内，避免大量到达植物地上部分；还可以提高土壤孔隙水内铀迁移性，依靠水流将土壤内铀带出，借此实现恢复目标。XIE 等[95]将 SRB 菌添加于被铀污染的污泥中，发现其中的铀含量明显减小。胡南等[96]从铀尾矿库地区的博落回树根中分离到一株耐铀、耐镉菌株 A-2，进一步的实验结果表明，该菌株在铀、镉胁迫下分泌大量草酸、苹果酸和琥珀酸，并与铀、镉复合，降低了铀、镉对该菌株的毒性，在处理铀镉污染土壤中具有较高的潜在应用前景。Chabalala 等[97]在铀矿区筛选出几种对铀有较高耐受性的微生物，采用非纯化细菌处理含铀土壤，发现其中克雷白氏杆菌能将不易转移的四价铀氧化为易转移的六价铀。丁聪聪[98]选取革兰氏阳性细菌（B. subtilis）采用静态批次实验深入探讨了不同水环境条件下 B. subtilis 对六价铀在两类矿物上的反应热力学、动力学及微观作用机制的影响规律，结果发现，在中性 pH 条件下，B. subtilis 的存在极大地提高了六价铀在纳米零价铁＋B. subtilis 体系内的吸附速率。王永华[99]进行了奥奈达希瓦氏菌 MR-1 处理六价铀的实验，结果表明，奥奈达希瓦氏菌 MR-1 能够利用乳酸钠为电子供体还原六价铀。

1.4.3 铀污染土壤植物－微生物联合修复技术

近年来，利用植物－微生物共生体提高植物的抗污染能力，提高污染土壤的修复效率，已成为相关研究领域的一个新的研究热点[100-104]。在植物和微生物的共生体中，微生物不仅可以改善植物的矿质营养条件，还能直接或间接地促进植物对元素的吸收，极大地促进了植物对土壤的修复作用。

邓闻杨等[105]采用大棚水培试验，研究不同铀浓度（5、15、25 mg/kg）下混合接种 3 种微生物（枯草芽孢杆菌、胶质芽孢杆菌和黑曲霉）对凤眼莲的生物量及其铀富集特征的影响，结果表明，接种胶质芽孢杆菌与黑曲霉能增强凤眼莲在较高的铀浓度下的抗胁迫能力；3 种微生物均降低了凤眼莲的根系铀富集浓度，但促进了茎叶富集浓度，其中同时接种 3 种微生物的组合对根系富集浓度的降低效果最小，接种胶质芽孢杆菌与黑曲霉的组合在 25 mg/kg 时茎叶富集浓度达到最大，为 3.097 mg/kg；枯草芽孢杆菌、胶质芽孢杆菌和黑曲霉均提高了凤眼莲在 15.25 mg/kg 下的转运能力，5 mg/L 时转运系数最高达 0.28。郝希超等[106]选用牧草为修复植物。开展了优势牧草生长发育及富集，微生物组合的筛选，植物微生物联合修复等对牧草生长及铀富集的影响等研究。试验结果表明：在不同程度铀污染土壤中优势牧草的各项生长发育指标稳定，生长状况良好的情况下，采用根部注射的方法对牧草进行微生物添加，发现不同组合的微生物对牧草的生物量和富集能力都有较强的促进效果，综合考虑根据不同污染情况采用相应的组合体系完成修复工作，选用单年生黑麦草与胶质芽孢杆菌和枯草芽孢杆菌联合修复高浓度铀污染土壤；选用多花黑麦草与胶质芽孢杆菌和枯草芽孢杆菌联合修复低浓度铀污染土壤。

目前，植物与微生物联合修复受到高度认可，被视作最有利于长期修复的方法[107]，具有广阔的应用前景。而丛枝菌根（Arbuscular mycorrhiza，AM）真菌属于一种直接接触土壤与植物根系的微生物，对植物抗逆性等起到了关键作用，在植物—微生物联合修复技术的应用中已引起广泛关注，其在土壤修复研究领域已取得一定的研究成果。荣丽杉等[108]以黑麦草作为宿主植物，在前期试验的基础上，将黑麦草接种 G. tortuosum、G. claroideum 和 G. mosseae 3 种丛枝菌根真菌。试验结果表明，接种 AMF 后，黑麦草对铀的抗逆性有所提高，其抗氧化体系酶活性也提高了，并且可通过菌丝的作用，缓解铀对植物的毒害。接种 3 种 AMF 对黑麦草富集铀的特征不同，接种 G. claroideum 的黑麦草茎叶部铀含量大幅增加，较对照提高了 74.26%，转运系数变大，接种 G. mosseae 的黑麦草根部铀含量较对照增加了 33.41%，茎叶部含量减少，转运系数减小；而接种 G. tortuosum 的则与对照组铀的富集量区别不大。

1.5 铀污染土壤生物修复研究中存在的问题

生物修复法是近年发展起来的一种新修复方法，由于具有投资成本低、维护费用小、操作简便、不易造成二次污染，且有可能实现资源回收等优点，备受国内外重视[23]。尽管放射性污染土壤的植物修复和微生物都取得了长足进步[24]，但这两种方法单独使用时都还存在不足。

植物修复技术是一项经济的、切实有效的整治放射性污染土壤的新方法，不过目前仍处于起步阶段，且植物受环境的理化性质影响显著，修复周期较长，已有的研究成果多数只限于实验室水平，达到现场应用和商业化推广的成套技术很少。关键工作仍是筛选出能超量积累污染物的植物以及能改善植物吸收性能的方法。

微生物的修复方法可以有效减少土壤中的放射性元素，但是易改变土壤的性质，造成土壤的二次污染。一些微生物只能对特定的放射性核素有作用，有些接种到环境中的微生物受土壤营养成分影响较大，很难调控。

因此，不断筛选高铀富集植物和与其搭配修复的微生物组合（促进植物生长、丰富根际微生物和活化土壤核素），正确配对植物和微生物，有效地利用二者的优势，将成为铀污染土壤修复的主要研究方向。

总之，针对已使用放射性核素污染生物修复技术来看，植物修复经济性、快捷性、安全性都非常理想，但从植物内部放射性核素积累情况来看，这项技术效果始终有限。因此，应当把化学调控、植物强化、微生物修复技术有效融为一体，进一步改善污染治理效果，进而有效解决土壤污染问题。

参考文献：

[1] Wang J，Liu J，Li H，et al. Uranium and thorium leachability in contaminated stream sediments from a uranium minesite [J]. Journal of Geochemical Exploration，2017，176：85-90.

[2] Wagner F，Jung H，Himmelsbach T，Meleshyn A. Impect of uranium mill tailings on water resources in Mailuu Suu，Kyrgyzstan [J]. Uranium Mining & Hydrogeology Ⅶ，2014：487-496.

[3] Ma P J，Wang Z，Yi F C，et al. Spatial distribution and pollution assessment of uranium in soil around uranium tailings [J]. Yuanzineng Kexue Jishu/atomic Energy Science & Technology，2017，51（5）：956-960.

[4] Schneider S，Bister S，Christl M，et al. Radionuclide pollution inside the Fukushima Daiichi exclusion zone，part 2：Forensic search for the "Forgotten" contaminants uranium-236 and plutonium [J]. Applied Geochemistry，2017，85：194-200.

[5] Aidarkhanov A O，Lukashenko S N，Lyakhova O N. Mechanisms for surface contamination of soils and bottom sediments in the Shagan River Zone within former semipalatinsk nuclear test site [J]. Journal of Environmental Radioactivity，2013，124（5）：163-170.

[6] Pereira R，Barbosa S，Carvalho F P. Uranium mining in portugal：A review of the environmental legacies of the largest mines and environmental and human health impacts [J]. Environmental Geochemistry and Health，2014，36（2）：285-301.

[7] 苏学斌，胥建军. 中国铀矿山绿色安全的现状与发展思路 [J]. 铀矿冶，2017，36（2）：119-125.

[8] Wang Y，Frutschi M，Suvorova E，Phrommavanh V，Descostes M，Osman A A，Geipel G，Bernier-Latmani R. Mobile uranium（Ⅳ）-bearing colloids in a mining-

impacted wetland [J]. Nature Communications, 2013, 4 (1): 2942-2947.

[9] Gongalsky K B. Impact of pollution caused by uranium production on soil macrofauna [J]. Environmental Monitoring and Assessment, 2013, 89 (2): 197-219.

[10] 向龙, 刘平辉, 杨迎亚. 华东某铀矿区稻米中放射性核素铀污染特征及健康风险评价 [J]. 长江流域资源与环境, 2017, 26 (3): 419-427.

[11] 姚高扬, 华恩祥, 高柏, 汪勇, 占凌之, 蒋经乾. 南方某铀尾矿区周边农田土壤中放射性核素的分布特征 [J]. 生态与农村环境学报, 2015, 31 (6): 963-966.

[12] 范镇荻, 陈井影, 高柏, 某铀尾矿周边农田土壤中放射性^{137}Cs 的分布特征 [J]. 有色金属 (冶炼部分), 2017 (10): 66-70.

[13] 张伯强, 蒋经乾, 高柏. 相山铀尾矿库周边土壤中放射性核素的研究 [J]. 有色金属 (冶炼部分), 2016 (6): 76-79.

[14] 闫冬, 何映雪, 丁库克, 等. 某铀矿周边常用蔬菜铀富集水平的调查分析 [J]. 中国辐射卫生, 2017, 26 (4): 401-403.

[15] 孔秋梅, 冯志刚, 马强, 等. 湖南某铀尾矿库周边土壤外源铀输入机制的研究 [J]. 地球与环境, 2017, 45 (2): 135-144.

[16] 闫逊. 铀尾矿土壤环境放射性核素的浓度分布及其对土壤微生物多样性的影响 [D]. 东北林业大学, 2015.

[17] 张彬, 冯志刚, 马强, 等. 广东某铀废石堆周边土壤中铀污染特征及其环境有效性 [J]. 生态环境学报, 2015, 24 (1): 156-162.

[18] 孙赛玉, 周青. 土壤放射性污染的生态效应及生物修复 [J]. 中国生态农业学报, 2008, 16 (2): 523-528.

[19] Annamalai S K, Arunachalam K D, Selvaraj R. Natural radionuclide dose and lifetime cancer risk due to ingestion of fish and water from fresh water reservoirs near the proposed uranium mining site [J]. Environmental Science and Pollution Research, 2017, 24 (18): 1-17.

[20] 张新华, 刘永. 铀矿山 "三废" 的污染及治理 [J]. 矿业安全与环保, 2003, 30 (3): 30-33.

[21] 杜良, 李烨, 王萍, 等. 铀污染土壤生物修复研究进展 [J]. 环境工程, 2013 (S1): 543-546.

[22] Morsy A, Taha M H, Saeed M, et al. Isothermal, kinetic, and thermodynamic studies for solid-phase extraction of uranium (Ⅵ) via hydrazine-impregnated carbon-based material as efficient adsorbent [J]. Nuclear Science and Techniques, 2019, 30 (11): 167.

[23] 孙赛玉, 周青. 土壤放射性污染的生态效应及生物修复 [J]. 中国生态农业学报, 2008, 16 (2): 523-528.

[24] Newsome L，Morris K，Lloyd J R. The biogeochemistry and bioremediation of uranium and other priority radionuclides [J]. Chemical Geology，2014，363：164-184.

[25] Abdelouas A，Lutze W，Nuttall H E. Uranium contamination in the subsurface：characterization and remediation [J]. Reviews in Mineralogy，1999，33：433-473.

[26] 邹兆庄，夏子通，张保增，王玮. 铀矿山污染场地治理技术初探 [J]. 世界核地质科学，2015，32（1）：57-62.

[27] 陈敏，王丹，姚天月，等. 五种十字花科植物对土壤高浓度铀胁迫响应及富集特性研究 [J]. 生态科学，2017，36（4）：58-63.

[28] 黄德娟，朱业安，余月，等. 铀污染环境治理中的植物修复研究 [J]. 铀矿冶，2012，31（4）：202-206.

[29] 唐丽，柏云，邓大超，等. 修复铀污染土壤超积累植物的筛选及积累特征研究 [J]. 核技术，2009，32（2）：136-141.

[30] 周绪斌，邢瑞云，吕星. 耐辐射奇球菌在放射性环境中的生物修复作用 [J]. 微生物学通报，2004，31（1）：118-122.

[31] Dushenkov S. Trends in phytoremediation of radionuclides [J]. Plant and Soil，2003，249（1）：167-175.

[32] 汤泽平，陈迪云，宋刚. 土壤放射性核素污染的植物修复与利用 [J]. 安徽农业科学，2009，37（13）：6101-6103.

[33] 林理彬. 辐射固体物理学导论 [M]. 四川：四川科学技术出版社，2004：1-2.

[34] Panigrahi D C，Mishra D P，Sahu P. Evaluation of inhalation exposure contributed by backfill mill tailings in underground uranium mine [J]. Environmental Earth Sciences，2015，74（5）：4327-4334.

[35] Pan Y，Li Y，Xue J，et al. Status and countermeasures for decommissioning of uranium mine and mill facilities in China [J]. Radiation Protection（Taiyuan），2009，29（3）：167-171，198.

[36] Sethy N K，Jha V N，Sutar A K，et al. Assessment of naturally occurring radioactive materials in the surface soil of uranium mining area of Jharkhand，India [J]. Journal of Geochemical Exploration，2014，142：29-35.

[37] Craft E S，Abu-Qare A W，Flaherty M M，et al. Depleted and natural uranium：chemistry and toxicological effects [J]. Journal of Toxicology and Environmental Health，Part B，2004，7（4）：297-317.

[38] Junghans M，Helling C. Historical Mining，uranium tailings and waste disposal at one site：Can it be managed? A hydrogeological analysis [C] //Tailings and Mine Waste. 1998，98：117-126.

[39] Gongalsky K B. Impact of pollution caused by uranium production on soil

macrofauna [J]. Environmental monitoring and assessment，2003，89（2）：197-219.

[40] 王志章. 铀尾矿库的退役环境治理 [J]. 铀矿冶，2003，22（2）：95-99.

[41] 黄建兵. 某退役铀矿环境放射性现状调查 [J]. 辐射防护通讯，2000，20（6）：29-32.

[42] 万芹方，陈雅宏，胡彬. 植物对土壤中铀的吸收与富集 [J]. 植物学报，2011，46（4）：425-436.

[43] Walkingstick，Michael T，Krage，et al. A case study of the NCRP 156 wound model of embedded DU using data from urine uranium concentrations of wounded veterans [J]. Health Physics，2018，114（3）：373-378.

[44] 朱茂祥，杨国山，王德文，等. 贫铀武器危害何在 [J]. 天津科技，2001，1：41-45.

[45] 邓冰，刘宁，王和义，等. 铀的毒性研究进展 [J]. 中国辐射卫生，2010（1）：113-116.

[46] Gavrilescu M，Pavel L V，Cretescu I. Characterization and remediation of soils contaminated with uranium [J]. Journal of Hazardous Materials，2009，63（2）：475-510.

[47] 宋嘉颖. 核能安全发展的伦理研究 [D]. 南京理工大学，2013.

[48] 陈保冬，陈梅梅，白刃. 丛枝菌根在治理铀污染环境中的潜在作用 [J]. 环境科学，2011（3）：809-816.

[49] Rufyikiri G，Huysmans L，Wannijn J，et al. Arbuscular mycorrhizal fungi can decrease the uptake of uranium by subterranean clover grown at high levels of uranium in soil [J]. Environmental Pollution，2004，130（3）：427-436.

[50] Carvalho I G，Cidu R，Fanfani L，et al. Environmental impact of uranium mining and ore processing in the Lagoa Real District，Bahia，Brazil [J]. Environmental Science & Technology，2005，39（22）：8646-8652.

[51] 万芹方，任亚敏，王亮，等. 铀污染土壤的植物修复研究 [J]. 化学学报，2011，69（15）：1780-1788.

[52] 方达. 防范放射性污染是一项重要的任务 [J]. 国际技术经济研究，2005，9（1）：28-32.

[53] 张如金，王帅，黄德娟，等. 放射性核素的研究进展 [J]. 江西化工，2015（3）：1-4.

[54] Taylor S R. Abundance of chemical elements in the continental crust：a new table [J]. Geochim Cosmochim Acta，1964，28：1273-1285.

[55] The environmental challenges of nuclear disarmament [M]. Springer Science & Business Media，2000.

[56] 胡振琪，李晶，赵艳玲. 矿产与粮食复合主产区环境质量和粮食安全的问题、成因

与对策 [J]. 2006，24（603）：21-24.

[57] Krouglov S V，Filipas A S，Alexakhin R M，et al. Long-term study on the transfer of ^{137}Cs and ^{90}Sr from Chernobyl-contaminated soils to grain crops [J]. Journal of Environmental Radioactivity，1997，34（3）：267-286.

[58] Sabbarese C，Stellato L，Cotrufo M F，et al. Dependence of radionuclide transfer factor on growth stage for a soil-lettuce plant system [J]. Environmental Modelling & Software，2002，17（6）：545-551.

[59] Keum D K，Lee H，Kang H S，et al. Predicting the transfer of ^{137}Cs to rice plants by a dynamic compartment model with a consideration of the soil properties [J]. Journal of environmental radioactivity，2007，92（1）：1-15.

[60] 刘平辉，叶长盛，谢淑容，等. 江西相山铀矿区与非铀矿区稻谷中天然放射性核素含量对比研究 [J]. 光谱学与光谱分析，2009，7：67.

[61] 王志章. 铀尾矿库的退役环境治理 [J]. 铀矿冶，2003，22（2）：95-99.

[62] Nair R N，Sunny F，Manikandan S T. Modelling of decay chain transport in groundwater from uranium tailings ponds [J]. Applied mathematical modelling，2010，34（9）：2300-2311.

[63] 孙赛玉，周青. 土壤放射性污染的生态效应及生物修复 [J]. 中国生态农业学报，2008，16（2）：523-528.

[64] 胡瑞霞，高柏，孙占学，等. 某铀矿山尾矿坝下游土壤重金属形态分析 [J]. 金属矿山，2009（2）：160-162.

[65] 曹龙生，杨亚新，张叶，等. 中国大陆主要省份土壤中天然放射性核素含量分布规律研究 [J]. 东华理工大学学报（自然科学版），2012，35（2）：167-172.

[66] 姚高扬，华恩祥，高柏，等. 南方某铀尾矿区周边土壤中放射性核素的分布特征 [J]. 生态与农村环境学报，2015，31（6）：963-966.

[67] Ahearne J F. Radioactive waste：the size of the problem [J]. Phys Today6，1997：24-29.

[68] Plant J A，Simpson P R，Smith B，et al. Uranium ore deposits-products of the radioactive earth. 1999，33：255-319.

[69] Tomé F V，Rodríguez P B，Lozano J C. Distribution and mobilization of U，Th and [226]Ra in the plant-soil compartments of a mineralized uranium area in southwest Spain [J]. Journal of environmental radioactivity，2002，59（1）：41-60.

[70] 李香梅，王汉青，周星火，等. 铀矿井排风口尾气对周边农田土壤放射性污染的预测 [J]. 安全与环境学报，2007，7（1）：29-31.

[71] Holmes A L，Joyce K，Xie H，et al. The impact of homologous recombination repair deficiency on depleted uranium clastogenicity in Chinese hamster ovary cells：XRCC3 protects cells from chromosome aberrations，but increases chromosome fragmentation

[J]. Mutation Research/Fundamental and Molecular Mechanisms of Mutagenesis，2014，762：1-9.

[72] Fathi R A，Matti L Y，Al-Salih H S，et al. Environmental pollution by depleted uranium in Iraq with special reference to Mosul and possible effects on cancer and birth defect rates [J]. Medicine，conflict and survival，2013，29（1）：7-25.

[73] Pattison J E. The interaction of natural background gamma radiation with depleted uranium micro-particles in the human body [J]. J Radiol Prot，2013，33（1）：187-198.

[74] Taylor V F，Evans R D，Cornett R J. Preliminary evaluation of（135）Cs/（137）Cs as a forensic tool for identifying source of radioactive contamination [J]. J Environ Radioact，2008，99（1）：109-118.

[75] Ramzaev V，Barkovsky A，Goncharova Y，et al. Radiocesium fallout in the grasslands on Sakhalin，Kunashir and Shikotan Islands due to Fukushima accident：the radioactive contamination of soil and plants in 2011 [J]. J Environ Radioact，2013，118：128-142.

[76] 孙赛玉，周青. 土壤放射性污染的生态效应及生物修复 [J]. 中国生态农业学报，2008，16（2）：523-528.

[77] H Shanmugasundaram，S K Annamalai，K D Arunachalam，et al. Simulation model for feasibility studies on bioremediation of uranium mill tailings using hyper accumulator Chrysopogon zizanioides [J]. American Journal of Environmental Sciences，2016，12（6）：370-378.

[78] 邹兆庄，夏子通，张保增，等. 铀矿山污染场地治理技术初探 [J]. 世界核地质科学，2015，32（1）：57-62.

[79] 郑文君，王明元. 接种丛枝菌根真菌对蜈蚣草吸收铀的影响 [J]. 环境科学，2015，36（8）：3004-3010.

[80] Akbarian A，Sadraei J，Forouzandeh M. Evaluation of Giardia lamblia genetic differences in Khorramabad city and surrounding villages by use of PCR and sequencing [J]. 2018，252：83-96.

[81] 汪江英，朱建林，莫子奋，等. 土壤中铀的赋存形态及放射性污染治理研究进展 [J]. 能源研究与管理，2020（4）：65-69.

[82] Kim S S，Han G S，Kim G N，et al. Advanced remediation of uranium-contaminated soil [J]. Journal of Environmental Radioactivity，2016，164：239-244.

[83] 董武娟，吴仁海. 土壤放射性污染的来源、积累和迁移 [J]. 云南地理环境研究，2003，15（2）：83-87.

[84] 唐秀欢，潘孝兵，万俊生. 放射性污染植物修复技术田间试验及前景分析 [J]. 环境科学与技术，2008，31（4）：63-67.

［85］Bing Li，Weimin Wu，David B Watson，et al. Bacterial community shift and coexisting/coexcluding patterns revealed by network analysis in a bioreduced uranium contaminated site after reoxidation ［J］. Applied & Environmental Microbiology，2018，84（9）：AEM. 02885-17.

［86］Dushenkov S. Trends in phytoremediation of radionuclides ［J］. Plant and Soil，2003，249（1）：167-175.

［87］王佳，罗学刚，石岩，等. 美洲商陆（Phytolacca Americana L.）对铀的富集特征及根际微生物群落功能多样性的响应 ［J］. 环境科学学报，2014，34（8）：2094-2101.

［88］He S，He Z，Yang X，et al. Mechanisms of nickel uptake and hyperaccumulation by plants and implications for soil remediation-chapter three ［J］. Advances in Agronomy，2012，117：117-189.

［89］Deng Q W，Wang Y D，Ding D X，et al. Construction of the syngonium podophyllum-pseudomonas sp. XNN8 symbiotic purification system and investigation of its capability of remediating uranium wastewater ［J］. Environmental Science & Pollution Research，2016：1-10.

［90］Ibrahim M，Adrees M，Rashid U，et al. Chapter 21-phytoremediation of radioactive contaminated soils ［J］. Soil Remediation & Plants，2015：599-627.

［91］荣丽杉. 印度芥菜对铀的生理响应与积累特征 ［J］. 金属矿山，2015，44（7）：155-158.

［92］荣丽杉，梁宇，刘迎九，等. 5 种植物对铀的积累特征差异研究 ［J］. 环境科学与技术，2015，38（11）：33-36，56.

［93］曾峰. 高浓度核素污染土壤修复植物筛选及肥料对植物修复的影响 ［D］. 西南科技大学，2015.

［94］查忠勇，王定娜，冯孝杰，等. 特选榨菜对铀污染土壤的修复评价 ［J］. 化学研究与应用，2014（2）：223-229.

［95］XIE Shui-bo，MA Hua-long，TANG Zhen-ping，et al. Study of U（Ⅵ）removal by sulfate reducing bacteria granular ssludge under micro-aerobic condition ［J］. Atomic Energy Science & Technology，2015，49（1）：26-33.

［96］胡南，陈思羽，胡劲松，等. 一株耐铀镉真菌菌株的筛选及其耐铀镉特性的研究 ［J］. 南华大学学报（自然科学版），2019，33（2）：21-26.

［97］Chabalala S，Chirwa E M. Uranium（Ⅵ）reduction and removal by high performing purified anaerobic cultures from mine soil ［J］. Chemosphere，2010，78（1）：52-55.

［98］丁聪聪. 芽孢杆菌存在下轴在纳米零价铁和绢云母上的作用机制 ［D］. 中国科学技术大学，2016.

［99］王永华. 奥奈达希瓦氏菌 MR-1 去除 U（Ⅵ）的性能及机理实验研究 ［D］. 南华大学，2014.

［100］Zhang X，Ren B H，Wu S L，et al. Arbuscular mycorrhizal symbiosis influences arsenic accumulation and speciation in Medicago truncatula L. in arsenic-contaminated soil ［J］. Chemosphere，2015，119：224-230.

［101］Davies H S，Rosas-Moreno J，Cox F，et al. Multiple environmental factors influence（238）U，（232）Th and（226）Ra bioaccumulation in arbuscular mycorrhizal-associated plants ［J］. Science of the Total Environment，2018，s 640-641：921-934.

［102］Wu S L，Chen B D，Sun Y Q，et al. Chromium resistance of dandelion （Taraxacum platypecidum Diels.）and bermudagrass（Cynodon dactylon ［Linn.］ Pers.）is enhanced by arbuscular mycorrhiza in Cr（Ⅵ）-contaminated soils ［J］. Environmental toxicology and chemistry，2014，33（9）：2105-2113.

［103］罗巧玉，王晓娟，林双双，等. AM 真菌对重金属污染土壤生物修复的应用与机理 ［J］. 生态学报，2013，33（13）：3898-3906.

［104］王曙光，林先贵. 菌根在污染土壤生物修复中的作用 ［J］. 农村生态环境，2001，17（1）：56-59.

［105］邓闻杨，罗学刚，罗蓝，等. 混合接种 3 种微生物对凤眼莲吸附铀的影响 ［J］. 核农学报，2018，32（9）：1864-1871.

［106］郝希超. 铀污染土壤牧草-微生物联合修复工艺研究 ［D］. 西南科技大学，2016.

［107］骆永明. 污染土壤修复技术研究现状与趋势 ［J］. 化学进展，2009，21（2）：558-565.

［108］荣丽杉. 铀污染土壤的植物-微生物修复及其机理研究 ［D］. 南华大学，2015.

第 2 章

铀污染土壤生物修复机理

2.1 铀污染土壤的植物修复机理

2.1.1 土壤植物修复技术概念

植物修复技术是指利用某些植物所具有的对某种重金属的忍耐性或积累性，吸收富集环境中的重金属元素，从而达到治理重金属污染的一项绿色修复技术。

植物修复技术最开始是利用超积累植物修复重金属污染土壤。超积累植物的具备条件[1]：① 植物地上部重金属浓度积累达到一定临界值；② 植物地上部富集的重金属含量超过同等生长条件下普通植物中重金属含量 100 倍以上[2-3]，即富集系数，植物体内铀含量（mg/kg）与土壤全铀含量（mg/kg）之比，表征植物从土壤中去除重金属的有效性，一般大于 1；③ 植物地上部铀含量（mg/kg）与根部铀含量（mg/kg）之比，即迁移系数，显示根部向地上部的转运重金属的能力，一般大于 1[4-5]；④ 在重金属污染严重的情况下，植物生长不受较大程度的抑制，表现出强耐受性[6]，在逆境中仍能维持正常的新陈代谢。但由于超积累植物大都生物量小，生长缓慢，使得其在单位时间对单位面积污染土壤的修复效率较低，因此在实际修复过程中单一植物较难实现应用价值。由于超积累植物的局限性，人们开始利用对重金属积累能力较强、生物量大、生长快的农作物修复重金属污染土壤。同时利用其他辅助技术措施（螯合剂、丛枝菌根、植物强化或其他添加剂等）来提高植物对重金属污染土壤的修复效率。

2.1.2 植物提取技术

植物提取技术是目前研究最广泛的重金属污染土壤植物修复技术之一，利用生物量大且耐铀性的超富集植物吸收污染土壤中的重金属并将其转运至地上部分（茎和叶）累积，然后对地上部分植物进行收获和后续处理，从而降低土壤中重金属含量，实现重金属的回收利用，植物提取技术是研究最多、最经济有效、实际意义最大的植物修复手段。

植物提取技术的基础和关键是筛选超富集植物，截至目前，世界上共发现超富集植物有 500 余种，涉及植物科属达 45 个[7]。近年来植物提取技术在实际污染场地也得到了大量的试验及应用。姚天月等[8]选取五彩芋、白掌、吊竹梅等 8 种花卉植物对铀浓度为 150 mg/kg 的污染土壤进行模拟修复，其中白掌耐铀性最强；吊竹梅根部铀富集系数达到 18.38，说明在铀污染土壤修复方面具有潜在应用价值。孙静等[9]对 12 种水生或喜水植物进行铀污染水体模拟修复，研究表明种植满江红鱼腥藻、香蒲草 3 周后，体系中铀的去除率均超过 90%，是较强的铀富集植物。唐丽等[10]以十字花科、锦葵科、菊科共 10 种植物在 100 mg/kg 铀浓度下进行土壤盆栽试验，研究结果表明泡青菜和特选榨菜地上部分转运系数和富集系数均大于 1，符合铀超积累植物标准。李若飞等[11]对若尔盖铀矿修复区的尼泊尔酸模与珠芽蓼实地采样、分析发现，两种植物对铀的转移系数和生物富集系数均大于 1，比较适用于铀污染土壤的生态修复。

2.1.3　植物固定技术

植物固定技术是指借助植物降低放射性核素在环境中的不稳定性及可能发生的一系列反应（氧化还原、重金属螯合等），根系表面或根系分泌物将吸收有毒害的污染物稳定在土壤中，限制污染物在生物圈的迁移与扩散，降低了铀污染对环境的危害。

在一些不适合植物生长的土壤环境，大多对修复植物进行菌根接种[12]，可以提高植物在重金属污染物胁迫下的耐受性，避免其遭到严重毒害[13]，Weiersbye 等[14]对铀尾矿上生长的狗牙根进行测试，结果发现菌根真菌泡囊中存在大量放射性核素铀。Rufyikir 等[15-16]在被丛枝菌根真菌侵染植物根系中分离出几种丛枝菌根真菌，进一步离体培养实验，发现了根外菌丝能够有效吸收富集环境中铀并将铀输送至植物根系，表明丛枝菌根真菌能够促进铀迁移至植物的根系。在盆栽试验中持续施加铀，14 天后，测得菌根植物的根部吸收了 26% 的铀，无菌根植物的根部吸收 8% 的铀[17]。丛枝菌根对铀的固定和铀在植物体内的积累均起一定作用，因此植物固定技术的新思路可以利用植物—微生物共生体相结合来修复。

当有一些放射性核素土壤污染场地需要大规模修复时，不适宜进行农业复垦，而且一般技术无法实施时，固定技术可作为合适的选择，但只是将污染物固定在植物根部或根际土壤中，并未真正去除污染物，主要目的是降低放射性核素在生物圈的迁移与扩散。一旦土壤环境条件发生变化，被固定的重金属可能再次进入循环体系，从而继续对环境造成危害。

2.1.4　植物根际过滤技术

植物根际过滤技术是指植物的根部对放射性核素进行吸收、富集和沉淀，从而达到消除或者降低环境污染物的目的。大多数植物根系向地上部分输送铀的能力有限，因此利用植物根系对铀的强积累能力来降低污染物浓度。LeeM[18]等人以向日葵、蚕豆作为实验对象，用人工铀污染溶液和 3 份真实的地下水样品进行实验，研究结果表明葵花籽在 24 小时内可去除 80％以上的初始释铀液和真正的地下水。大豆根滤法的铀去除率约为 60％～80％。两种植物品种根际滤除铀在 pH 为 3.5 时，效率均达 90％以上，因而处理铀污染废水的首选植物是生物量稍大的向日葵。胡南等[19]通过对野生水葫芦、漂浮植物浮萍、满江红、沉水植物菹草和挺水植物空心莲子草水培试验，研究生长状况以及除铀能力，结果显示满江红在不同浓度（0.15、1.50、15.00 mg/L）溶液中培养 3 周后，其去除率分别为 94％、97％和 92％，说明满江红是生长繁殖较好、除铀率高的水生植物，可作为铀污染水体有价值的潜在植物物种。由于水体生物可利用态的铀含量相对较高，铀污染的废水利用根系过滤技术净化更有优势，可提高废水中铀的去除率。

2.1.5　植物挥发技术

植物挥发技术是利用植物根系分泌物吸收、转移污染土壤中的放射性核素富集到植物体内，然后将其转化为毒性小的挥发态物质释放到大气中，从而达到消除或者降低环境污染物。该技术使用范围主要是一些易挥发的重金属（硒、砷、汞等），且收割植物体后不需进行后续处理，是新型具有发展潜力的植物修复技术，但处理过程是将污染物转移到大气中，可能会再次回到土壤环境中，对人类健康存在潜在的风险性，目前不适用于铀污染土壤的修复工程。

2.1.6　植物间作强化修复铀污染土壤的机制

间作模式下，不同植物通过影响土壤微生物、土壤酶活性、植物根系分泌物以及土壤 pH 等来改变重金属在土壤中的存在形态，进而改变重金属在土壤中的有效性，从而促进或抑制植物对土壤重金属的吸收累积情况[20]。

（1）间作模式影响植物根系分泌物：间作模式不仅可以改变植物根系分泌物的种类及数量，还可以将根系分泌物通过土壤由一种植物转移扩散到另一种植物的根际环境中，间接改变重金属在土壤中的有效性，从而影响两种植物对土壤重金属的吸收积累。植物吸收积累重金属，需将土壤中不溶态重金属活化为可溶态重金属。秦丽[21]研究发现，间作模式下，续断菊和蚕豆显著提高了根系分泌有机酸含量。有研究表明[22]，植物根系分泌物可通过 3 种方式来改变重金属在土壤中的形态：① 植物根系分泌出不同种类有机酸来酸化土壤中不溶态重金属；② 植物根系分泌出某些特定有机酸及重金属，结合蛋白能够与重金属发生螯合作用；③ 植物根系分泌出有机酸、氨基酸和其他有机物可被根际微生物所利用，降低土壤氧化还原作用，从而影响土壤一些变价重金属的形态及有效性。

（2）间作模式影响土壤微生物：大量研究发现，间作模式不仅能够提升土壤微生物的数量、活性和多样性，还能够改变土壤微生物的群落结构[23-24]，进而增强土壤重金属的生物有效性，从而促进植物对重金属的吸收累积[25-26]。陈海生等[27]研究发现，相较于单作模式，甘蔗与花生间作能够提高根际土壤中细菌、真菌和放线菌的数量，同时改变了根际土壤微生物群落的结构。有研究表明[28]，植物根系分泌物是连接植物－土壤－微生物的桥梁。植物根系分泌出有机酸和氨基酸等其他有机物，这些有机物为根际土壤中微生物的生长提供有机碳源等其他营养物质[29]。

（3）间作模式影响土壤酶活性：许多研究表明，间作模式不仅能增强土壤酶活性，改善土壤肥力情况，还能影响重金属在土壤中的形态，提高重金属在土壤中的生物有效性，从而有效促进植物对重金属的吸收累积[30-32]。杨晶[33]研究发现，重金属镉、铅能够抑制土壤中过氧化氢酶和酸性磷酸酶的活性，在辣椒和玉米间作后，过氧化氢酶和酸性磷酸酶的活性显著提高。但也有研究表明，间作模式能够降低土壤酶活性。王家豪[34]研究发现，在玉米抽穗期，无论紫花苜蓿是单作还是与玉米间作，其根际土壤中脲酶活性始终低于灌浆期。这表明间作植物的种类和土壤酶的种类对土壤酶活性有一定影响。

（4）间作模式影响土壤 pH：有研究表明[35]，间作模式通过影响植物根系分泌物、土壤微生物及土壤酶活性来间接改变土壤 pH。辣椒与玉米间作后，土壤 pH 较土壤本底值有所降低[33]。谭建波等[36]研究发现，续断菊与蚕豆间作降低了根际土壤 pH，重金属镉在土壤中的生物有效性显著提高，从而增强了续断菊对土壤镉的吸收累积。但也有研究发现，间作模式相较于单作会提高土壤 pH。青菜与甘蓝间作后，土壤 pH 高于青菜单作[37]。土壤 pH 的降低会促进土壤中难溶态重金属的溶解和释放，从而提高重金属在土壤中的生物有效性；相反，土壤 pH 的升高，减弱了 H^+ 的竞争效果，从而抑制了土壤中难溶态重金属的溶解和释放，导致植物减少对土壤重金属的吸收累积[38]。同时，土壤 pH 的变化也会影响植物根系分泌物、土壤微生物和土壤酶活性的变化。

2.2　丛枝菌根真菌－植物联合修复铀污染土壤的机理

2.2.1　丛枝菌根真菌概述

AM 真菌作为自然界内分布最广的微生物之一，可以与陆地上大多数高等植物形成共生关系[39]。AM 真菌和寄主植物共同生活的过程中互惠互利、和平共处[40]。AM 真菌广泛存在于各种土壤中，是一种特殊专性活体营养共生菌。根据国内外许多植物学和微生物学专家的研究，全球超过 80% 的陆地植物可以和 AM 真菌产生共生体，对于这部分植物，3% 左右可以和它产生能外生或内生菌根，主要以乔木和灌木为代表；约 90% 的植物能形成内生菌根，主要是草本植物；只有约 3% 的植物没有菌根。严格地说，自然界中绝大多数植物并没有传统意义上的简单根系，几乎所有的存在形式都是以菌根共生的[39]。我国丛枝菌根真菌资源丰富，多样性较强。截至 2011 年，中国共发现丛枝菌根真菌 10 属共 131 种[41]。AM 真菌能促进大多数植物的生长，根中丛枝菌根菌丝异常的囊泡结构和独特的细胞结构，可以改善植物水分代谢，促进植物吸收养分，改善植物根际土壤微环境，促进植物根系和部分地面的生长，减少病原菌，改善逆境对植物的影响，改善植物的营养状况，增加植物的经济产量[42]。

2.2.2　丛枝菌根真菌增强植物抗逆性促进营养吸收

AM 真菌接种最明显成效在于改善植物成活率、促进其生长发育、增大产量，让植物更有效地吸收和利用矿物养分，优化体内 C、N 循环，改善水分利用效率[43]。AM 真菌在许多方面都能影响植物的矿质营养、生长发育，其在植物对抗逆境胁迫和群落稳定性方面发挥重要作用[44-45]。在养分吸收与利用方面，菌根真菌与植物根系共生扩大了吸收表面积，更有效地活化了土壤中的有机磷和不溶性无机磷，因而利用 AM 真菌能够有效地吸收和转运磷，以此提高植物吸收磷的能力[46]。AM 真菌的外生菌根菌丝能帮助植物吸收磷元素，并迅速将磷转移到内生菌根菌丝以及共生体中，最终进入植物细胞内加以利用，从而克服磷不足问题[47]。朱晓琴等[48]以番茄为试材，采用接种丛枝菌根真菌摩西球囊霉（*Funneliformis mosseae*）和施用外源水杨酸（SA）的方法，提高番茄的盐胁迫能力。悦飞雪等[49]利用生物炭和 AM 真菌对矿区土壤进行改良，结果表明，丛枝菌根真菌能够改善土壤养分，提高植物对环境胁迫的抗性和养分的利用。多年生黑麦草（*Lolium perenne*）与 AM 真菌形成共生体，可对宿主植物产生显著促进作用，增强其干旱胁迫能力[50-51]。张海珠等[52]通过室温盆栽接种实验，研究在灭菌土壤中，不同丛枝菌根真菌处理对滇重楼不同采收期的根际土壤和药材中 N、P、K、Mg等 10 种营养元素吸收积累的影响，结果表明，接种 AM 真菌后，会增加根际土壤和滇重楼中相关营养元素的含量，从而提高了滇重楼品质。丛枝菌根真菌除了能帮助植物吸收 P、N 外，还能溶解和活化土壤中的其他矿质营养物质，如 Na、Ca、Fe、Cu、Zn等，促使菌根植物更有效吸收这部分物质[53]。

2.2.3　丛枝菌根真菌促进重金属污染土壤的植物修复

AM 真菌可以提高植物在重金属胁迫下的耐受性，避免其遭到严重毒害[54]，在生态环境方面的应用得到广泛关注。近些年来，应用丛枝菌根真菌技术修复重金属污染土壤方面取得了许多重要成果[55]。张飞等[56]以黄冠/川梨为材料，以幼套球囊霉为菌剂，采用盆栽方式，研究接种 AM 真菌对梨幼苗缓解 Cu^{2+} 胁迫的影响，结果显示，幼套球囊霉增强了梨幼苗 Cu^{2+} 胁迫的耐受性。胡振琪等[57]开展玉米盆栽实验，结果表明在镉污染土壤中添加 *Glomus diaphanum* 和 *Glomus mosseae*，对玉米地上部和根部的镉含量都存在较大影响，两种 AM 真菌侵染玉米根系均显著降低了玉米地上部分对镉的吸收，但对玉米根部的影响有所差别：接种 *Glomus mosseae* 的玉米其根部对镉的吸收没有发现显著降低；而接种 *Glomus diaphanum* 增加了玉米根部对镉的吸收。许建华等[58]研究表明，在 As 污染土壤中，接种土著 AM 真菌并施加化肥能够有效促进蜈蚣草生长，使其丛枝数、叶柄长度和生物量都有不同程度增加，并能更好地促进蜈蚣草植株吸收更多的 As。彭昌琴等[59]采用盆栽方法，用浓度为 50、100、150、200、250、300 mg/kg 的镉液处理凤仙花种子，探讨了丛枝菌根真菌对镉胁迫下凤仙花生理特征的影响，结果表明，在镉胁迫下，凤仙花与 AM 真菌共同作用可提高其抗氧化酶活性、降低膜脂过氧化，促进凤仙花对重金属镉的吸收。陈冬霞等[60]的黑麦草（*Lolium perenne*）水培实验发现其对微污染重金属 Cu、Cd、Pb 有一定净化能力。杨秀梅等[61]在玉米根系接种丛枝菌根真菌，研究其对 Cu 污染土壤修复作用，结果表明，AM 真菌可以有效增强玉米根系对 Cu 吸收和富集，但植株地上部分 Cu 浓度没有直观改变，表明 AM 真菌能够一定程度抑制 Cu 从根系朝地上部分输送。赵会会等[62]研究表明接种耐镉 AM 菌株可显著促进镉胁迫下一年生黑麦草幼苗生长，并且能通过增加土壤中镉的有效态，促进植株对镉的吸收与积累。Janouskova 等[63]通过分析指出，烟草接种 *Giomus intraradices* 后所积累 Cd 是未接种 *Giomus. Intraradice* 的 20 多倍，菌根有效促进了植物对 Cd 的吸附。依据以上研究结果来看，证明 AM 真菌在重金属修复方面可以展现强大效用。正因如此，很多研究放射性核素污染修复的学者也纷纷把目光投向利用 AM 真菌修复放射性核素污染土壤方面，并为此开展了一系列分析与探讨。

2.2.4 丛枝菌根真菌影响植物生长和铀吸收的机制

铀除了具有放射性之外，也具有和其他重金属相似的性质，尽管人们已普遍认同 AM 真菌在重金属污染修复领域可以发挥巨大效用，但是其在放射性污染环境治理领域实际作用却知之甚少，同其他重金属污染类似，在铀污染条件下，改善植物的 P 营养是丛枝菌根真菌提高植物抵抗铀毒害、促进植物生长的重要机制之一。丛枝菌根真菌的保护作用体现在，一是减少植物对铀的吸收，降低植物体内铀含量，二是增加植物对铀的吸收，但是减少向地上部的运输。研究证实，AM 真菌的菌丝、孢子、囊孢等组织对铀具有强大的固持能力。有少量研究报道：Weiersbye 等[64]对铀尾矿上生长的狗牙根（*Cynodon dactylon*）进行测试结果发现菌根真菌泡囊中存在大量放射性核素铀；Chen 等[65]在铀污染土壤内接种 *Glomus mosseae*、*Glomus caledonium* 与 *Glomus intraradices*，研究结果发现，3 种菌体并未有效改变蜈蚣草生长或降低蜈蚣草的生物量，而且不同菌种间存在差异，利用分室盆栽系统研究发现，在铀污染条件下接种 *Glomus intraradices* 显著增加了蒺藜苜蓿的地上部和根系干重，促进植物生物量的积累；Rufyikiri 等[66-67]在被 AM 真菌侵染植物根系中分离出几种丛枝菌根真菌，进一步离体培养实验发现了根外菌丝能够有效吸收富集环境中铀，并将铀输送至植物根系，表明 AM 真菌能够促进铀迁移至植物的根系；Chen 等[68]以无根毛突变体和野生型大麦作为研究材料，研究发现根外菌丝及根毛能够增强植株根系对铀和磷的吸收，表明丛枝菌根真菌对铀吸收方面起着决定性作用；郑文君[69]等采用盆栽土壤实验，模拟铀污染土壤，以蜈蚣草为研究材料，每盆接种丛枝菌根真菌地表球囊霉（*Glomus versiforme*），研究结果表明 AM 真菌能够明显加强蜈蚣草对铁锰氧化态铀、硫酸盐态铀吸收与转移。结合上述文献研究得出 AM 真菌修复铀污染土壤过程，如图 2.1 所示，由图可见，AM 真菌侵染植物根系，不仅增大了其根系的表面积，还促进了植物对铀的富集；同时菌丝分泌物促进土壤中铀的活化，使之更易被植物吸收，迁移出土壤。AM 真菌通过分泌某些氧化还原作用物质改变铀的化学形态，降低铀的毒性。或者，AM 真菌也可以改变植物根系分泌物或直接分泌某些有机成分，对土壤中的铀产生螯合作用，改变铀的有效性和毒性。这些机制有待进一步研究。总之，AM 真菌对铀有固持作用，可以降低铀的生物有效性或把铀固持在植物根系中，可以应用于铀的植物稳定修复中。

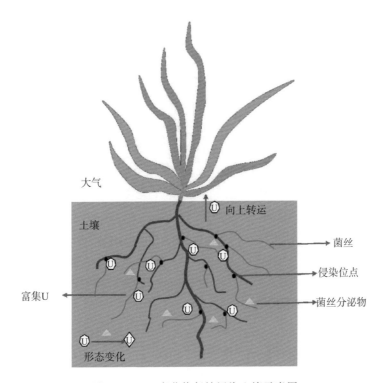

图 2.1　AM 真菌修复铀污染土壤示意图

　　随着土壤污染情况日益加剧，环保问题逐渐受到人们普遍关注。因此，亟需研究更科学、更有效的手段，一方面维护土壤生态环境，另一方面可以大幅降低放射性核污染，只有如此，方可真正意义上满足发展需求。结合生物修复技术发展现状来看，植物、微生物相结合被认为是最适合长期修复的方法，因此具有广阔的应用前景与研究价值。

参考文献：

[1] Lorestani B，Cheraghi M，Yousefi N. The potential of phytoremediation using hyperaccumulator plants：a case study at a lead-zinc mine site [J]. International Journal of Phytoremediation，2012，14 (8)：786-795.

[2] Tomé F V，Rodríguez PB，Lozano JC. The ability of Helianthus annuus L and Brassica juncea to uptake and translocate natural uranium and 226 Ra under different milieu conditions [J]. Chemosphere，2009，74 (2)：293-300.

[3] 张佩. 香根草对土壤 Pb，Zn 和 Cd 形态，迁移影响及对铅锌矿尾矿的修复 [D]. 广西师范大学，2008.

[4] Salt D E，Smith R D，Raskin I. Phytoremediation [J]. Annuai Review of Plant Physiology and Plant Molecular Biology，1998，49：643-668.

[5] Brookes R R，Champer M F，Nicks L J. Phytoming [J]. Trends in Plant Science，1998，9 (3)：359-362.

[6] 魏树和. 超积累植物筛选及污染土壤植物修复过程研究 [D]. 中国科学院研究生院，2004.

[7] 白洁，孙学凯，王道涵. 土壤重金属污染及植物修复技术综述 [J]. 环境保护与循环经济，2008，28 (3)：49-51.

[8] 姚天月，王丹，李泽华，等. 8 种花卉植物对土壤中铀富集特性研究 [J]. 环境科学与技术，2016，39 (2)：24-30.

[9] 孙静，何家东，李乾. 多种水生植物对铀的富集特性对比研究 [J]. 南华大学学报（自然科学版），2018，32 (3)：27-31.

[10] 唐丽，柏云，邓大超，等. 修复铀污染土壤超积累植物的筛选及积累特征研究 [J]. 核技术，2009，32 (2)：136-141.

[11] 李若飞，董发勤，杨刚，等. 尼泊尔酸模与珠芽蓼对铀矿修复区重金属的累积及化学形态特征 [J]. 应用与环境生物学报，2019，25 (3)：482-490.

[12] Chen B，Roos P，Zhu Y，et al. Arbuscular mycorrhizas contribute to phytostabilization of uranium in uranium mining tailings [J]. Journal of Environmental Radioactivity，2008，99 (5)：801-810.

[13] Vangronsveld J，Herzig R，Weyens N，et al. Phytoremediation of con-taminated soils and groundwater：Lessons from the field [J]. Environ-mental Science and Pollution Research，2009，16：765-794.

[14] Weiersbye M，Straker C J，Przybylowicz W J. Micro-PIXE mapping of elemental distribution in arbuscular mycorrhizal roots of the grass, Cynodon dactylon, from

gold and uranium mine tailings [J]. Nuclear Instruments & Methods in Physics Research, 1999, 158 (1-4): 335-343.

[15] Rufyikiri G, Huysmans L, Wannijn J, et al. Arbuscular mycorrhizal fungi can decrease the uptake of uranium by subterranean clover grown at high levels of uranium in soil [J]. Environmental Pollution, 2004, 130 (3): 427-436.

[16] Gervais R, Yves T, Wang L, et al. Uranium uptake and translocation by the arbuscular mycorrhizal fungus Glomus intraradices, under root organ culture conditions. New phytol [J]. New Phytologist, 2008, 46 (7): 596-598.

[17] Rufyikiri G, Thiry Y, Declerck S. Contribution of hyphae and roots to uranium uptake and translocation by arbuscular mycorrhizal carrot roots under root-organ culture conditions [J]. New Phytologist, 2003, 158 (2): 391-399.

[18] Lee M, Yang M. Rhizofiltration using sunflower (He-lianthus annus L.) and bean (Phaseolus vulgaris L. var. vulgaris) toremediate uranium contaminatedground water [J]. Journal of Hazardous Materials, 2010, 173: 589-596.

[19] 胡南, 丁德馨, 李广悦, 等. 五种水生植物对水中铀的去除作用 [J]. 环境科学学报, 2012 (7): 1637-1645.

[20] Lin L Y, Yan X L, Liao X Y, et al. Arsenic Accumulation in Panax notoginseng Monoculture and Intercropping with Pteris vittata. Water, Air, & Soil Pollution, 2015, 226: 113.

[21] 秦丽. 间作系统中续断菊与作物 Cd、Pb 累积特征和根系分泌低分子有机酸机理 [D]. 云南农业大学, 2017.

[22] 徐卫红, 王宏信, 刘怀, 等. Zn、Cd 单一及复合污染对黑麦草根分泌物及根际 Zn、Cd 形态的影响 [J]. 环境科学, 2007, 28 (9): 2089-2095.

[23] 苏世鸣, 任丽轩, 霍振华, 等. 西瓜与旱作水稻间作改善西瓜连作障碍及对土壤微生物区系的影响 [J]. 中国农业科学, 2008, 41 (3): 704-712.

[24] DENNIS P G, MILLER A J, HIRSCH P R. Are root exudates more important than other sources of rhizodeposits in structuring rhizosphere bacterial communities? [J]. Fems Microbiology Ecology, 2010, 72 (3): 313-327.

[25] Dai C, Xie H, Wang X, et al. Intercropping peanut with traditional Chinese medicinal plants improves soil microcosm environment and peanut production in subtropical China [J]. African Journal of Biotechnology, 2009, 8 (16): 3740-3746.

[26] 吴凤芝, 周新刚. 不同作物间作对黄瓜病害及土壤微生物群落多样性的影响 [J]. 土壤学报, 2009, 46 (5): 899-906.

[27] 陈海生, 秦昌鲜, 彭崇, 等. 甘蔗间作花生对根际土壤微生物种群及酶活性的影响 [J]. 江苏农业科学, 2019, 47 (3): 223-226.

[28] 王振中. 香蕉枯萎病及其防治研究进展 [J]. 植物检疫，2006，20（3）：198-200.

[29] 苗欣宇，周启星. 污染土壤植物修复效率影响因素研究进展 [J]. 生态学杂志，2015，34（3）：870-877.

[30] 胡举伟，朱文旭，张会慧，等. 桑树/苜蓿间作对其生长及土地和光资源利用能力的影响 [J]. 草地学报，2013，21（3）：494-500.

[31] 滕维超，刘少轩，曹福亮，等. 油茶大豆间作对盆栽土壤化学和生物性质的影响 [J]. 中南林业科技大学学报，2013，33（2）：24-27.

[32] 胡举伟，朱文旭，张会慧，等. 桑树/大豆间作对植物生长及根际土壤微生物数量和酶活性的影响 [J]. 应用生态学报，2013，24（5）：1423-1427.

[33] 杨晶. 辣椒与玉米间作对重金属吸收的影响及其机理的研究 [D]. 沈阳大学，2016.

[34] 王家豪. 玉米/苜蓿间作对土壤养分、酶活性及植物生长的影响 [D]. 贵州大学，2019.

[35] Song Y N，Zhang F S，Marschner P，et al. Effect of intercropping on crop yield and chemical and microbiological properties in rhizosphere of wheat（Triticum aestivum L.），maize（Zeamays L.），and faba bean（Vicia faba L.）[J]. Biology and Fertility of Soils，2007，43（5）：565-574.

[36] 谭建波，湛方栋，刘宁宁，等. 续断菊与蚕豆间作下土壤部分化学特征与 Cd 形态分布状况研究 [J]. 农业环境科学学报，2016，35（1）：53-60.

[37] Tao S，Chen Y J，Xu F L，et al. Changes of copper speciation in maize rhizosphere soil [J]. Environmental Pollution，2003，122：447-454.

[38] 程禹敏，蒯琳萍. 荠菜对土壤中锶（Sr）的吸收和富集 [J]. 江苏农业科学，2018，46（18）：275-279.

[39] Wang F Y，Liu R J，Lin X C，et al. Arbuscular mycorrhizal status of wild plants in saline-alkaline soils of the Yellow River Delta [J]. Mycorrhiza，2004，14（2）：133-137.

[40] 白淑兰，阎伟，胡永健. 菌根研究及内蒙古大青山外生菌根资源 [M]. 呼和浩特：内蒙古人民出版社，2011：35-37.

[41] 李晓林，冯固. 丛枝菌根生态生理 [M]. 华文出版社，2001：15-16.

[42] 杨雅婷. 三叶草根瘤菌与 AMF 互作效应及其对梨生理代谢的影响 [D]. 西南大学，2016.

[43] Martin F，Aerts A，Ahren D，et al. The genome of Laccaria bicolor provides insights into mycorrhizal symbiosis [J]. Nature，2008，452（7183）：88-92.

[44] Koide R T，Dickie I A. Effects of mycorrhizal fungi on plantpopulations [J]. Plant and Soil，2002，244（244）：307-317.

[45] Ezawa T，Smith S E，Smith F A. P metabolism and transport in AM fungi [J]. Plant and Soil，2002，244（1-2）：221-230.

［46］Joner E J，Briones R，Leyval C. Metal-binding capacity of arbuscular mycorrhizal mycelium ［J］. Plant and Soil，2000，226 (2)：227-234.

［47］Smith S E，Smith F A，Jakobsen I. Mycorrhizal fungi can dominate phosphate supply to plants irrespective of growth responses ［J］. Scientific Correspondence，2003，133 (1)：16-20.

［48］朱晓琴，段明晓，张亚，等. 丛枝菌根真菌和水杨酸对番茄幼苗耐盐性的影响 ［J］. 北方园艺，2019 (14).

［49］张海珠，李杨，张彦如，等. 菌根真菌处理下滇重楼对营养元素的吸收和积累 ［J］. 环境化学，2019 (3).

［50］悦飞雪，李继伟，王艳芳，等. 生物炭和 AM 真菌提高矿区土壤养分有效性的机理 ［J］. 植物营养与肥料学报，2019，25 (8).

［51］陈世苹，高玉葆，任安芝，等. 干旱胁迫下内生真菌感染对黑麦草实验种群光合、蒸腾和水分利用的影响 ［J］. 植物生态学报，2016，25 (5).

［52］李会强. 内生真菌对多年生黑麦草生长及抗旱性能的影响 ［D］. 兰州大学，2016.

［53］金樑，陈国良，赵银，等. 丛枝菌根对盐胁迫的响应及其与宿主植物的互作 ［J］. 生态环境，2007，16 (1)：228-233.

［54］Leung H M，Wu F Y，Cheung K C, et al. The effect of arbuscular mycorrhizal fungi and phosphate amendement on arsenic uptake, accumulation and growth of Pteris Vittata in As-contaminated soil ［J］. International Journal of Phytoremediation，2010，12 (4)：384-403.

［55］陈保冬，于萌，郝志鹏，等. 丛枝菌根真菌应用技术研究进展 ［J］. 应用生态学报，2019，30 (3)：1035-1046.

［56］张飞，张妮娜，林洁，等. 接种 AM 真菌对盆栽梨幼苗缓解 Cu^{2+} 胁迫的影响 ［J］. 中国南方果树，2018，47 (4).

［57］胡振琪，杨秀红，高爱林，等. 辐污染土壤的菌根修复研究 ［J］. 中国矿业大学学报，2007，36 (2)：237-240.

［58］许建华，沈生元，肖艳平，等. 不同氮，磷，钾肥配施以及接种土著 AM 真菌对蜈蚣草生长和富集砷的影响 ［J］. 上海农业科技，2010 (5)：44-46.

［59］彭昌琴，徐玲玲，陈兴银，等. 丛枝菌根真菌对镉胁迫下凤仙花生理特征的影响 ［J］. 江苏农业科学，2019，47 (14)：186-188.

［60］陈冬霞，刘宏伟，梁红，等. 几种草本植物对面源微污染重金属的净化能力 ［J］. 农业环境科学学报，2017，36 (12)：2500-2505.

［61］杨秀梅，陈保冬，朱永官，等. 丛枝菌根真菌 (Glomus intraradices) 对铜污染土壤上玉米生长的影响 ［J］. 生态学报，2008，28 (3)：1052-1058.

［62］赵会会，方志刚，马睿，等. 耐镉根际促生菌的筛选及其对一年生黑麦草镉吸收积累的影响 ［J］. 草地学报，2017，25 (3)：554-560.

［63］Janouskova M，Pavlikova D，Vosatka M. Potential contribution of arbuscular mycorrhiza to cadmium immobilisation in soil ［J］. Chemosphere，2006，65（11）：1959-1965.

［64］郭伟，赵仁鑫，赵文静，等. 丛枝菌根真菌对稀土尾矿中大豆生长和稀土元素吸收的影响［J］. 环境科学，2013，34（5）：1915-1921.

［65］Chen B D，Zhu Y G，Zhang X，et al. The influence of mycorrhiza on uranium and phosphorus uptake by barely plants from a field-contaminated soil ［J］. Environmental Science and Pollution Research，2005，12（6）：325-331.

［66］Rufyikiri G，Huysmans L，Wannijn J，et al. Arbuscular mycorrhizal fungi can decrease the uptake of uranium by subterranean clover grown at high levels of uranium in soil ［J］. Environmental Pollution，2004，130（3）：427-436.

［67］Rufyikiri G，Thiry Y，Wang L，et al. Uranium uptake and translocation by the arbuscular mycorrhizal fungus, Glomus intraradices, under root-organ culture conditions ［J］. New Phytologist，2002，156（2）：275-281.

［68］Chen B D，Zhu Y G，Smith F A. Effect of arbuscular mycorrhizal inoculation on uranium and arsenic accumulation by Chinese brake fern (Pteris vittata L.) from a uranium mining-impacted soil ［J］. Chemosphere，2006，62（9）：1464-1473.

［69］郑文君，王明元. 接种丛枝菌根真菌对蜈蚣草吸收铀的影响［J］. 环境科学，2015，36（8）：3004-3010.

第 3 章

黑麦草修复铀污染土壤的根际效应

基于国内外土壤对铀污染土壤的研究现状，本研究选取黑麦草进行根箱栽培实验，从黑麦草种子的耐铀性、施加柠檬酸前后植物和土壤的生理生化指标、根际铀的空间动态变化、形态变化特征以及黑麦草富集铀的机理等方面进行研究，探究螯合剂诱导下根际土壤中铀的富集和积累机制，这对于研究根际土壤中铀向植物体中的迁移及控制农作物的铀含量有重要的意义，为铀污染土壤的生物修复实践奠定了研究基础。

3.1 黑麦草种子的耐铀性研究

3.1.1 材料与方法

供试种子：实验选用黑麦草种子购买于种子市场。

试验用试剂：采用由 2 g/L 铀标准溶液稀释配置成含铀量（以 mg/L 计）分别为：1.0、5.0、10.0、15.0、20.0、50.0 mg/L（参照我国铀矿冶废水中铀质量浓度 5 mg/L 左右设定）[1]；去离子水作为对照溶液。

实验选取的黑麦草均做过发芽率实验，黑麦草种子通过发芽实验，发芽率超过 75%。用 75% 的乙醇消毒 5 min，之后用去离子水冲洗种子 5 次，滤纸拭干。将双层滤纸放入培养皿（直径×高：90 mm×15 mm）作为发芽床并对培养皿进行编号，并按编号分别加入上述浓度铀溶液至没过种子为止，然后相应摆入黑麦草种子 100 粒，每个浓度设置 3 组平行实验。将培养皿转至培养箱中，将培养箱按照昼夜更替逐日观察记录种子萌芽状况并及时剔除发霉或即将发霉的牧草种子，每日补充水分，保持一定温度、湿度和光照。萌芽以胚根突破种皮 1 mm 长为标准[2]，逐日统计萌芽数。计算种子萌发的发芽率[3]、发芽势[4]、发芽指数[5]、活力指数[6]、耐性指数[7]。

3.1.2 实验结果与分析

种子着床 1 天后开始计数，黑麦草种子萌发的 7 日最终发芽率由图 3.1 所示，在实验设置的不同铀浓度内，黑麦草种子的初始萌芽时间未发生明显变化，累积发芽率呈现递增趋势，不同铀浓度对黑麦草种子的累计发芽率具有明显影响作用，且黑麦草种子的集中萌芽时间也受到了铀浓度的作用。

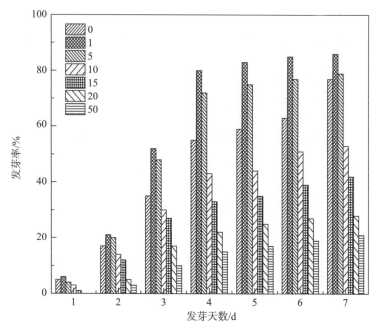

图 3.1　黑麦草种子的七日发芽指数

由图 3.1 可以看出，1 mg/L 铀溶液处理黑麦草种子时明显促进了种子的集中萌发，黑麦草发芽率在发芽天数内均超过空白对照组。1 mg/L 的黑麦草于第 3 日的发芽率高达 52%，高于对照组 17 个百分点；第 4 日的发芽率高达 80%，高于当日对照组 25 个百分点；说明 1 mg/L 铀处理下的黑麦草集中萌发期在第 3 天和第 4 天，直至 7 日最终发芽率显示黑麦草在 1 mg/L 时仍高于对照组。5 mg/L 的铀溶液处理下的黑麦草种子在 7 日内的累积发芽率均高于空白对照组，表明 5 mg/L 的铀浓度对黑麦草的种子具有促进的作用。5 mg/L 铀溶液处理下的黑麦草种子的集中萌芽期也在第 3 天和第 4 天，在集中萌芽后第 5 天的发芽率达到 75%，第 6 天的萌芽率已达到空白对照组的第 7 天的最终发芽率。中高铀浓度处理的（10 mg/L、15 mg/L、20 mg/L）黑麦草种子的萌发受到了抑制作用，不同铀浓度处理受到的抑制作用各不相同。铀浓度越高呈现出抑制作用越显著。达到高浓度 50 mg/L 时的黑麦草种子的最终发芽率为 21%，该浓度处理下的黑麦草种子的发芽率不到对照最终发芽率的 1/4。

如图 3.2 和图 3.3 所示，与对照组相比较，黑麦草的发芽指数和发芽势均高于对照组，说明 1 mg/L 铀浓度处理条件下，黑麦草的萌发速度变快，整齐程度升高。同时，1 mg/L 铀浓度时，黑麦草的活力指数与对照组的活力指数相差无几，而黑麦草的耐性指数较对照组的耐性指数有所提高，这更说明 1 mg/L 铀浓度对黑麦草种子的萌发具有促进作用，使黑麦草种子不仅能更好地萌发，而且保证了黑麦草种子萌发的整齐程度。5 mg/L 铀浓度处理下的黑麦草种子的发芽指数和发芽势均高于对照组，活力指数和耐性指数略低于对照组。由此表明，低浓度铀的培养条件下仍会轻微促进黑麦草种的萌发，提高其整齐程度。10～20 mg/L 铀浓度处理条件下黑麦草种子的发芽指数、活力指数、发芽势和耐性指数均显著低于空白对照组，这表明中高浓度的铀溶液对黑麦草种子的萌发呈现明显的抑制作用，中高浓度的铀溶液使得黑麦草种子的萌发速度变慢且萌芽参差不齐。50 mg/L 铀浓度处理黑麦草种子时，黑麦草种子发芽指数、活力指数、发芽势和耐性指数均达到了所做实验组中的最低值，表明黑麦草种子的萌发速度最慢和整齐程度最差。由上述情况可知，黑麦草种子的萌发程度和整齐程度受到不同浓度的铀处理液的影响程度不同。1 mg/L 的铀浓度处理会促进黑麦草种子的萌发，提高其整齐程度，低浓度、中高浓度、高浓度和超高浓度的铀溶液处理得牧草种子都显现出抑制作用，浓度越高，抑制作用越明显。

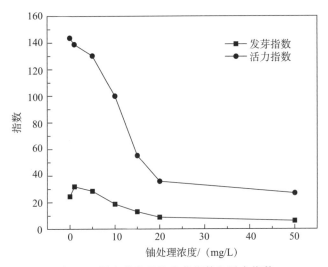

图 3.2　黑麦草种子的发芽指数和活力指数

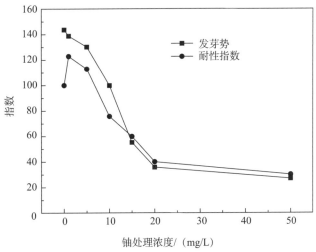

图 3.3　黑麦草种子的发芽势和耐性指数

3.2 黑麦草的根箱栽培实验

3.2.1 供试土壤

供试植物为黑麦草,多年生优良牧草植物。试验所用土壤采自某铀矿山,取 0~20 cm 的表层土壤,土壤的基本理化如表 3.1 所示。

表 3.1 土壤的基本理化

土壤类型	pH	有机质/(g/kg)	碱解/(mg/kg)	速效 P/(mg/kg)	速效 K/(mg/kg)	CEC/(mmol/kg)
黄壤土	6.48	39.358	120.324	35.642	110.357	87.259

供试土壤经风干磨细后过 2 mm 筛,将土壤样品分成 84 份,每份加入尿素和磷酸二氢钾作为底肥,使用量分别是 0.5 g/kg 和 0.44 g/kg,混匀待用,将 84 份土样分成 6 批,实验处理如表 3.2 所示。U 以 $UO_2(NO_3)_2 \cdot 6H_2O$ 溶液的形式加入土壤中,然后均匀搅拌。土壤中的铀溶液的浓度分别为 5、10、15、20 mg/kg。土壤静置一周后进行播种。

表 3.2 铀污染土壤实验设计

处理 盆数	铀溶液浓度/(mg/kg)					铀溶液浓度/(mg/kg)＋施加柠檬酸浓度/(mmoL/L)	
	CK	5	10	15	20	5＋3	5＋6
矩形根箱	6	6	6	6	6	6	6
圆形根箱	6	6	6	6	6	6	6

3.2.2 栽培实验

将上述土壤样品放入根际箱中(图 3.4、图 3.5),每一份土壤分别放入根际箱左右和上下两侧,中间使用为 300 目尼龙网隔开。在根箱(root box)一侧种植黑麦草,作为根际侧;另一侧则是非根际侧。之后保持田间持水量,黑麦草的生长期为 45 天,根据离界面(300 目尼龙网)不同距离分别将土样切成 0~1 mm、1~3 mm、3~6 mm、

6～10 mm 薄层，将余下的土混合均匀作为非根际土，同时根际侧的土壤作为根际土。

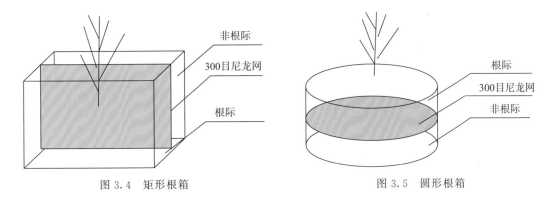

图 3.4　矩形根箱　　　　　　　　　　　　　图 3.5　圆形根箱

3.2.3　测试方法

1. 植物样品中铀含量的测定方法

植物样品中铀的测定方法选用激光液体荧光法，具体计算方法见公式 3.1。植物样品经过一系列前处理：洗净晾干→分割地上部分和根部→称其湿重→烘干→称其干重→炭化→灰化→研磨转入密封袋→编号保存，待测[8]。

$$C = \left(\frac{N_1 - N_0}{N_2 - N_1} - B \right) \frac{V_S C_S V_1 K}{V_2 m R}$$

(3.1)

式中：C 为植物样品灰中铀含量，g/g；N_0 为液体样品加入去离子水时的仪器读数；N_1 为液体样品加入荧光增强剂后的仪器读数；N_2 为液体样品加入铀标准溶液后的仪器读数；V_S 为液体加入铀标准溶液的体积，mL；V_1 为液体样品溶液总体积，mL；V_2 为液体测量用样品溶液的体积，mL；C_S 为铀标准溶液的浓度，g/mL；m 为分析用试样量，g；R 为方法回收率，%；K 为稀释的倍数；B 为空白试验的仪器读数（N_0、N_1、N_2）按公式（3.1）中计算的值。

2. 土壤样品中铀含量的测定方法

土壤样品经风干→分选→去杂—磨碎—过筛—混匀→装袋→保存→登记等一系列过程处理，待测[9]。对本研究中用到土壤中铀的测量方法进行简要说明，如表 3.3 所示。

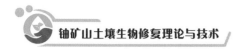

表 3.3 土壤中铀的测量方法及简要说明

液体激光荧光法	
方法提要	土壤样品经硝酸、氢氟酸、高氯酸（以 5∶3∶2 的比例加入）分解，铀以 UO_2^{2+} 形态存在于溶液中，在 pH 为 7～9 时，UO_2^{2+} 荧光试剂形成稳定的络合物，在氮分子激光器发出的脉冲激光（337.1 nm）激励下，发出峰值波长为 500 nm、520 nm、546 nm 的绿色荧光，荧光强度与消解后的样品溶液中铀浓度成正比，采用标准加入法直接测定铀的含量。
结果计算	试样中铀含量计算公式： $$C = \left(\frac{F_1 - F}{K F_2 - F_1} \cdot V_s - \frac{F_{01} - F_0}{K_0 F_{02} - F_{01}} \cdot V_{S0} \right) \cdot \frac{1}{m} \cdot \frac{V_1}{V_2} \cdot C_s \quad (3.2)$$ 式中：C 为土壤样品中铀的含量，$\mu g/g$；F 为溶液中加入去离子水的荧光强度读数；F_1 为溶液中加入混合溶液后的荧光强度读数；F_2 为溶液中加入铀标准溶液后的荧光强度读数；V_s 为加入的铀标准溶液体积，mL；F_0 为空白样品中加入去离子水的荧光强度数；F_{01} 为空白样品中加入混合溶液后的荧光强度数；F_{02} 为空白样品中加入铀标准溶液后的荧光强度读数；V_{S0} 为往空白样品中加入的铀标准溶液体积，mL；m 为称样量，g；V_1 为样品溶液的总体积，50 mL；C_s 为标准铀溶液的浓度，$\mu g/mL$；V_2 为测量时分取溶液的体积，0.5 mL；K 为样品溶液中加入铀标准溶液后体积的校正因子，$(V_t + V_s) / V_t$；K_0 为空白溶液中加入铀标准溶液后体积的校正因子，$(V_t + V_{S0}) / V_t$；为 V_t 为加入标准铀溶液前石英皿中样品溶液的体积，mL

3. 总铀的测量方法

测量土壤样品中的铀元素含量的方法有多种，在国内外应用较为广泛的有 γ 能谱法[10]、质谱法[11]、中子活化法[12]。本研究主要使用 ICP-MS 和 ICP-OES 法测定土壤中的铀。

4. 土壤中各相态铀的测量方法

Tessier 五步逐级化学提取法操作简单、适用范围广，被国内外专家学者广泛使用。本实验按照周秀丽研究方法[13]，把核素铀分为可交换态（包括水溶态）铀、碳酸盐结合态铀、有机质结合态铀、无定型铁锰氧化物/氢氧化物结合态铀、晶质铁锰氧化物/氢氧化物结合态铀、残渣态铀。

称量 5.0 g 的样品，倒入 150 mL 锥形瓶中，土壤中铀的逐级化学提取流程，如表 3.4 所示。

表 3.4 土壤中铀的逐级化学提取流程

提取步骤	赋存形态	提取方法
I	可交换态（包括水溶态）	加入 20 mL 浓度为 1 mol/L 的 $MgCl_2$ 溶液（pH＝7），在室温下振荡 2 h 转入 50 mL 离心管中，以 8000 r/min 离心 10 min，移出上清液，用去离子水洗涤锥形瓶，洗涤液倒入原离心管中再继续离心分离，移出上清液。两次的上清液倒入 100 mL 容量瓶中，定容，分析。
II	碳酸盐结合态	取上一步的残余物，加入 30 mL 浓度为 1 mol/L 醋酸钠溶液，振荡 7 h，提取上清液，同步骤 I 。
III	有机质结合态	取上一步的残余物，加入 20 mL H_2O_2，置于 85 ℃ 水浴锅中加热 1 h，蒸干；再次加入 20 mL H_2O_2，继续在 85 ℃ 水浴中加热 1 h，蒸干；加入 50 mL 浓度为 1 mol/L 的醋酸铵溶液，振荡 2 h。提取上清液，同步骤 I 。
IV	无定型铁锰氧化物/氢氧化物结合态	取上一步的残余物，加入 20 mL 的 Tamm's 溶液，振荡 5 h。提取上清液，同步骤 I 。
V	晶质铁锰氧化物/氢氧化物结合态	取上一步的残余物，加入 40 mL 的 CDB 溶液（pH＝7.0），振荡 5 h。提取上清液，同步骤 I 。
VI	残渣态	取上一步的残余物同表 3.3 土壤消解步骤

3.2.4 实验结果分析

1. 黑麦草生长指标

由表 3.5 可知，铀处理浓度为 5 mg/kg 时，矩形根箱和圆形根箱中的黑麦草的地上部分和根部的湿重和干重都超过了空白对照组根箱，说明在土壤耐受浓度为 5 mg/kg 时促进了黑麦草的生物量的增长。当铀处理浓度大于 5 mg/kg 时，矩形根箱处理下的黑麦草湿重呈现出大于圆形（Y）根箱。同时，黑麦草的干重变化也与湿重变化相同。随着铀处理浓度的升高，黑麦草的生物量则呈现递减趋势，表明当土壤中铀浓度大于等于 10 mg/kg 时，较高的铀浓度对黑麦草的生长呈现抑制作用，也抑制了黑麦草的生物量。该结论与种子萌发时得到的结论一致，铀浓度越高，对黑麦草的抑制作用也越明显。

表 3.5　不同浓度铀胁迫下对黑麦草生物量的影响　　　　　　　　　　　mg

不同处理	地上部分		根部	
	湿重	干重	湿重	干重
CK	811.62 ± 13.135	244.58 ± 9.598	498.17 ± 5.367	123.78 ± 5.267
CK-Y	950.96 ± 22.441	253.64 ± 5.958	514.21 ± 4.625	143.89 ± 4.369
5	983.25 ± 24.958	272.58 ± 8.112	506.65 ± 4.328	142.15 ± 2.358
5Y	976.54 ± 15.235	268.79 ± 12.097	527.47 ± 6.325	150.68 ± 3.589
10	782.56 ± 25.241	235.28 ± 11.667	405.68 ± 5.521	112.58 ± 5.584
10Y	763.27 ± 16.427	225.89 ± 10.458	373.52 ± 3.658	103.25 ± 7.654
15	695.21 ± 15.236	212.54 ± 10.369	294.57 ± 2.856	824.2 ± 9.548
15Y	554.48 ± 8.512	175.24 ± 6.524	354.83 ± 4.286	92.54 ± 6.952
20	613.25 ± 7.258	192.54 ± 5.865	275.48 ± 3.548	79.95 ± 8.452
20Y	425.78 ± 5.265	142.35 ± 4.582	254.58 ± 4.365	65.438 ± 5.314

2. 植物样品中铀总量的测定结果

从图 3.6 中可以看出，黑麦草富集铀的规律为：根部＞地上部分，黑麦草根部富集的铀含量是植物地上部分富集铀含量的几倍甚至几十倍。当土壤中铀浓度为 5 mg/kg 时，圆形根箱中的黑麦草富集量在地上部分和根部均较高于矩形根箱。当土壤中铀浓度为 20 mg/kg 时，矩形根箱中黑麦草根部的富集铀平均浓度达到最大，平均浓度为 831.9 mg/kg，比圆形根箱中黑麦草的根部略高；而矩形根箱中黑麦草的地上部分平均浓度则低于圆形根箱。土壤的耐受浓度达到 15 mg/kg 和 20 mg/kg 时，黑麦草的地上部分的铀富集量相差无几，即黑麦草的富集量达到一个阈值，根部的转移能力也达到了最大值。与地上部分相同，黑麦草的根部的富集量也并无明显的增加或减少。结果表明，黑麦草的地上部分和根部的铀浓度富集达到一定值后，呈现出无明显变化，这一现象说明黑麦草对铀的富集存在一个峰值，达到该峰值后，土壤中黑麦草对铀的富集呈现饱和状态。

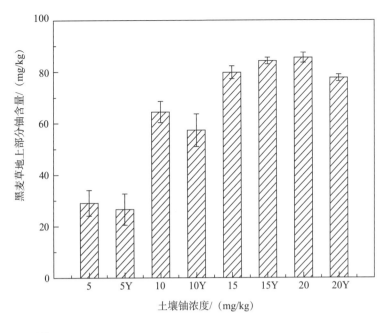

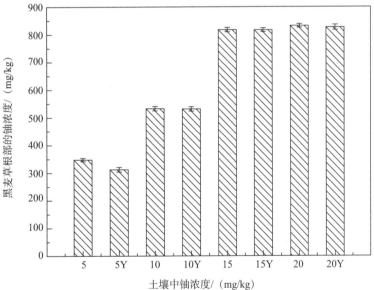

图 3.6　黑麦草地上部分和根部对铀的富集量

富集系数：

$$\mathrm{BCF}=\frac{C_{\mathrm{root}}}{C_{\mathrm{soil}}}\text{或}\frac{C_{\mathrm{ground}}}{C_{\mathrm{soil}}} \tag{3.3}$$

转运系数：

$$\mathrm{TF}=\frac{C_{\mathrm{ground}}}{C_{\mathrm{root}}} \tag{3.4}$$

富集量：

$$BCQ = C_{root} \times m_{root} \text{ 或 } C_{ground} \times m_{ground} \qquad (3.5)$$

富集量系数：

$$BQF = \frac{BCQ_{root}}{C_{soil}} \text{ 或 } \frac{BCQ_{ground}}{C_{soil}} \qquad (3.6)$$

转运量系数：

$$TQF = \frac{BCQ_{ground}}{BCQ_{root}} \qquad (3.7)$$

式中：C_{root} 为黑麦草地上部铀含量，mg/kg；C_{ground} 为黑麦草根部铀含量，mg/kg；C_{soil} 为土壤铀含量，mg/kg；m_{ground} 为黑麦草地上部分干重，g；m_{root} 为黑麦草根部干重，g。

根据上述公式可得计算结果如表 3.6 和表 3.7 所示。转运系数越大，这说明该部分转运能力越强。从表 3.6 中可以看出，黑麦草中富集的铀浓度随着处理铀浓度的升高而增加，但是地上部分和根部的生物富集系数则同时呈现减少趋势，说明金属铀在植物体地上部分的富集浓度达到一定阈值，则根部向地上部分转运的效率降低。转运系数低于1，说明地上部分的转运金属铀的能力较低，金属铀主要富集于根部。

根据表 3.7 可看出，铀在根部的富集量明显大于其在地上部分的富集量。当土壤铀含量为 5 mg/kg 时，地上部分与根部的富集系数最大，随着土壤铀浓度的增加，地上和根部的富集系数逐渐减小。黑麦草的转运量系数平均值是 0.207，转运量系数越大，说明黑麦草的地上部分的富集量越大。

表 3.6　不同根箱类型、不同铀浓度植物体的 BCF、TF

浓度/(mg/kg)	地上富集系数 BCF	根部富集系数 BCF	转运系数 TF
5	5.813	69.513	0.084
5Y	5.320	62.500	0.085
10	6.443	53.267	0.121
10Y	5.733	53.137	0.108
15	5.316	54.496	0.098
15Y	5.613	54.453	0.103
20	4.273	41.597	0.103
20Y	3.882	41.328	0.094
最大值	6.443	69.513	0.121
平均值	5.299	53.786	0.100

表3.7 不同根箱类型、不同铀含量植物体的 BCQ、BQF 和 TQF

浓度/ (mg/kg)	地上富集量 BCQ/(μg)	根部富集量 BCQ/(μg)	地上富集量系数 BQF/($\times 10^{-3}$)	根部富集量系数 BQF/($\times 10^{-3}$)	转运量系数 TQF
5	7.923	49.406	1.584	9.881	0.160
5Y	7.149	47.087	1.429	9.417	0.152
10	15.159	59.967	1.515	5.996	0.253
10Y	12.950	54.863	1.295	5.486	0.236
15	16.946	67.728	1.129	4.512	0.250
15Y	14.755	75.586	0.983	5.039	0.195
20	16.455	66.513	0.822	3.325	0.247
20Y	11.051	54.088	0.552	2.704	0.204
最大值	16.946	75.586	1.584	9.881	0.253
平均值	12.799	59.405	1.164	5.795	0.207

3. 根际土壤中铀的空间动态变化

黑麦草生长过程中，随着根系的不断吸收水分、营养成分，UO_2^{2+} 不断随水迁移。当 UO_2^{2+} 被根吸收的速度小于 UO_2^{2+} 随水迁移的速度时，则在根部形成富集作用。由表3.8可知，矩形根箱中黑麦草的根际 6 mm 的范围内形成一个横向富集区；由表3.9可知，圆形根箱中黑麦草的根际 1 cm 的范围内存在一个纵向的富集区。在富集区内随着距离根面距离减少，土壤铀的含量呈现缓慢递增趋势，这一现象表明在自然状态下黑麦草根际也存在着缓慢富集铀的过程。土壤中铀浓度的不同对根际铀含量的空间动态变化影响显著，不同浓度则变化不同。由表3.8和3.9可知，在横向 6 mm 的富集区内，矩形根箱中富集的铀含量要高于圆形根箱纵向富集的铀含量；在该纵向富集区内而在根际处则表现出圆形根箱的铀富集量高于矩形根箱。在非根际土壤中，土壤中铀浓度为 5 mg/kg 时，矩形根箱的富集量高于同一土壤铀浓度的圆形根箱；而在 10、15、20 mg/kg 时，圆形根箱的富集量高于同一土壤铀浓度的矩形根箱。随着土壤中铀浓度的增加，富集区内的铀含量也增加，不同浓度条件下，增加的量也不同。铀含量在根际处表现为高于非根际处。结果表明，土壤中铀含量的增加有利于铀在黑麦草根际土壤中的富集。铀在根际土壤中的总体含量略高于非根际土壤，原因一方面是植物根系分泌的某些有机酸作为螯合剂与游离的 UO_2^{2+} 生成较稳定的铀-螯合物复合体，促进根际土壤对铀的吸附，降低了铀的迁移，迫使其在根系近旁沉淀下来；另一方面是四价铀和 UO_2^{2+} 能与许多有机配体（如柠檬酸、草酸、乙二胺四乙酸等）形成稳定的配位化合物，故铀在根际土壤中含量高于非根际土壤[14-15]。

表 3.8　不同铀浓度处理下，矩形根箱距根面不同距离土壤中的全铀含量　　　　mg/kg

| 处理 | 距根面距离/mm | | | | | |
	0~1	1~3	3~6	6~10	非根际	根际土
5	7.821 ± 0.674	8.226 ± 1.279	6.908 ± 1.380	6.937 ± 0.610	5.455 ± 0.937	9.838 ± 2.505
10	18.639 ± 6.865	18.471 ± 8.992	19.727 ± 9.878	18.547 ± 8.243	18.278 ± 8.016	17.781 ± 4.780
15	22.144 ± 3.714	21.493 ± 2.384	20.653 ± 4.153	19.852 ± 2.924	21.776 ± 2.045	22.637 ± 0.987
20	23.057 ± 1.727	21.160 ± 6.230	22.695 ± 3.159	22.749 ± 1.364	23.516 ± 2.731	26.482 ± 1.864

表 3.9　不同铀浓度处理下，圆形根箱距根面不同距离土壤中的全铀含量　　　　mg/kg

| 处理 | 距根面距离/mm | | | | | |
	0~1	1~3	3~6	6~10	非根际	根际土
5Y	6.801 ± 1.893	6.113 ± 1.287	5.982 ± 0.921	5.687 ± 0.869	5.662 ± 0.777	9.628 ± 0.845
10Y	16.546 ± 1.571	15.098 ± 0.941	15.844 ± 0.619	16.711 ± 0.257	11.959 ± 0.928	16.835 ± 2.233
15Y	17.318 ± 5.947	16.374 ± 6.309	15.538 ± 6.411	15.368 ± 6.350	15.281 ± 6.129	18.861 ± 4.839
20Y	23.041 ± 0.690	27.239 ± 1.420	23.067 ± 5.249	26.148 ± 1.633	21.832 ± 0.642	25.784 ± 0.479

4. 根际土壤中铀的形态变化

采用连续提取法，测定各个相态上清液中铀的含量得出结果如图 3.7 所示。对比不同土壤浓度的根际土与非根际土可以看出，每一个土壤样品中铀的形态分布特征都存在明显的差异，根际土壤明显与非根际土壤的相态不同。可交换态（包括水溶态）和碳酸盐结合态的铀被称为活性铀，具有较强的环境活性，是易被生物吸收的部分；有机质结合态和无定型铁锰氧化物/氢氧化物结合态的铀被称为潜在活性铀，随环境介质的氧化－还原条件变化通常表现出一定的活性，是可以被生物潜在吸收的部分；晶质铁锰氧化物/氢氧化物结合态和残渣态的铀被称为惰性态铀，在短时间尺度上不会发生分解[16-18]。

由图 3.7 可知，两种根箱中的残渣态铀大多都达到总量的 40% 左右，说明铀在土壤中大多以残渣态铀即惰性铀形式存在。对比根际土壤与非根际土壤中的残渣态铀含量可知，根际处的残渣态铀含量要明显低于非根际处，这可能是由于植物在土壤中释放出有机酸而使得根际土壤 pH 降低，而 pH 是改变铀在土壤中存在形态的一个重要指标。植物中有机酸的出现使得土壤中的铀被激活，从而残渣态占总的铀相态含量降低。矩形根箱中根际土壤中各相态铀的平均含量占相态总和的百分比为：残渣态（40.09%）＞

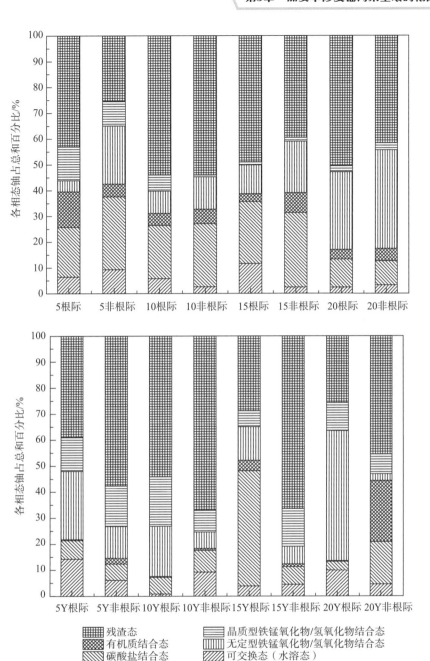

图 3.7 不同铀浓度处理条件下，各相态铀占相态总和百分比

无定型铁锰氧化物/氢氧化物结合态（23.34%）＞碳酸盐结合态（22.77%）＞有机质结合态（5.76%）＞可交换态（4.41%）＞晶质型铁锰氧化物/氢氧化物结合态（3.64%），非根际土壤中各相态铀的平均含量占相态总和的百分比为：残渣态（49.11%）＞碳酸盐结合态（18.71%）＞无定型铁锰氧化物/氢氧化物结合态（13.54%）＞可交换态（6.60%）＞有机质结合态（6.29%）＞晶质型铁锰氧化物/氢氧化物（5.75%）。植物对根际土壤中铀的形态及含量的变化产生最直接的影响，同时

根际土壤中的铀也对植物的富集及其由根部转运到地上部分也起到决定性的作用。圆形根箱中根际土壤各相态铀的平均含量占相态总和的百分比为：残渣态（36.81%）＞无定型铁锰氧化物/氢氧化物结合态（27.1%）＞碳酸盐结合态（15.32%）＞晶质型铁锰氧化物/氢氧化物结合态（12.27%）＞可交换态（7.25%）＞有机质结合态（1.25%），非根际土壤中各相态铀平均含量占相态总和的百分比为：残渣态（59.07%）＞晶质型铁锰氧化物/氢氧化物结合态（11.54%）＞碳酸盐结合态（9.47%）＞无定型铁锰氧化物/氢氧化物结合态（6.96%）＞有机质结合态（6.86%）＞可交换态（6.11%）。

黑麦草的根际土壤与非根际土壤中铀各种形态的分布特征与所占百分比的研究结果表明，黑麦草根际土壤中存在着与黑麦草根系的交互作用，而根际土壤中存在着对残渣态铀的强烈活化作用，促进了植物根系中惰性铀的转化，使铀的生物有效性增加，转化成为可以被植物吸收或潜在被植物吸收的其他相态。

从图 3.8 中可以看出根际土壤与非根际土壤中残渣态铀含量和无定型铁锰氧化物/氢氧化物结合态铀含量随着土壤铀含量的增加而增加，而碳酸盐结合态铀含量在土壤浓度为 5～15 mg/kg 时随着土壤铀浓度的增加而增加，而可交换态、有机质结合态以及晶质型铁锰氧化物/氢氧化物结合态铀含量则明显低于残渣态、无定型铁锰氧化物/氢氧化物结合态和碳酸盐结合态的铀含量。

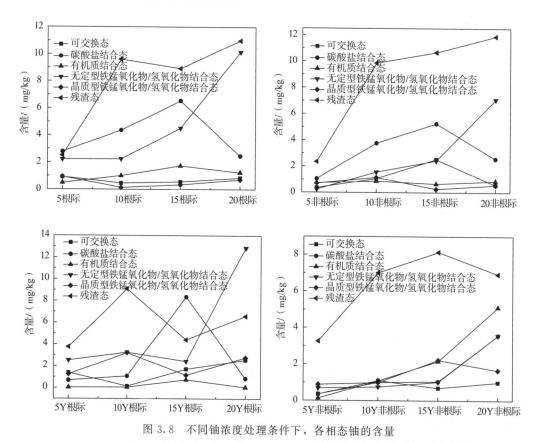

图 3.8　不同铀浓度处理条件下，各相态铀的含量

5. 根际土壤中 pH 的变化

pH 是影响植物根际行为的重要因素之一，根际土壤中 pH 的大小，将会直接或间接影响铀在土壤环境中固定和活化情况，同时也是植物对铀毒害抗性的重要机理之一。一般而言，pH 降低可能导致碳酸盐和氢氧化物结合态重金属的溶解、释放，同时活性态铀趋于增加。因此，根际的酸化将导致铀的活化，使其由惰性无毒态铀转化为活性态，毒性增强，反之，pH 升高则有利于惰性态铀的固定，其迁移能力降低，毒性也随之减弱。

由图 3.9 可知，根际土壤中的 pH 明显表现出随着铀浓度的升高而逐渐减小，这可能是由于加入的 $UO_2(NO_3)_2$ 的 pH 在 5.5 左右，而供试土壤的 pH 为 6.48，所以两者混合均匀后 pH 有所下降，混合的铀浓度越高，pH 下降的越明显。根际土壤中由于根系的活力以及植株的光合作用，使得根系的离子吸收的不平衡，而土壤不断酸化。

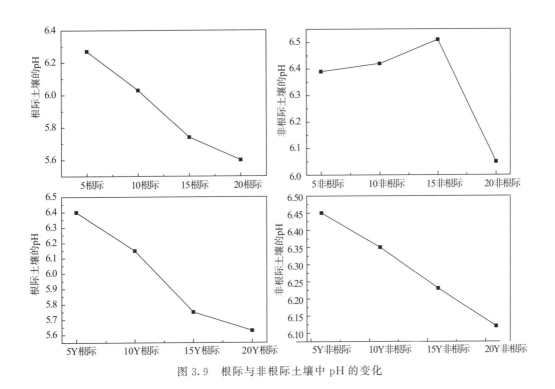

图 3.9 根际与非根际土壤中 pH 的变化

6. 根际土壤中的有机质变化

如图 3.10 所示，随着铀污染浓度的增加，根际（Rhizosphere）土壤中的有机质含量也不断增加，这说明铀污染浓度越高越有利于有机质在土壤中的积累。同时，土壤中有机质的变化也会影响根际土壤中铀的存在形态，促使铀由其他形态向有机质结合态转化。因为使用水浇地的方式，导致根际土壤长期处于滞水状态，土质黏重，土壤透气性差，导致有机残体易发生腐烂降解，从而根际土壤有机质含量高于非根际（Non-Rhizosphere）。由此可知，增加土壤有机质的含量能够促进活性态铀的生成，即土壤有机质含量越高则会使得土壤中的铀浓度越高，不利于植物体对土壤中铀的吸收，该现象也同时印证了铀的空间动态变化中根际土壤中铀含量高于非根际土壤中铀含量的现象。

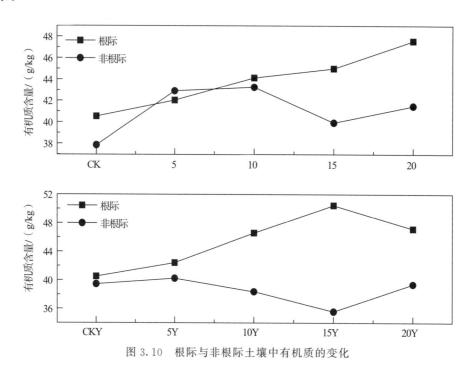

图 3.10　根际与非根际土壤中有机质的变化

3.3　施加柠檬酸对黑麦草修复铀污染土壤的影响

3.3.1　施加柠檬酸对铀污染土壤理化性质的变化

当土壤环境受到某种胁迫时，土壤中的微生物活动和状态也会发生改变，从而则导致土壤的理化性质也发生相应的变化[19]。由表 3.10 可知，在柠檬酸的调节下，土壤溶液中的氧化还原电位和电导率均有所提高，而酸碱度 pH 也随之降低。柠檬酸会对土壤中的铀具有一定的活化作用，所以土壤的氧化还原电位和电导率都会随之升高；而柠檬酸本身的酸性性质则会导致 pH 的降低。

表 3.10 柠檬酸对土壤理化性质的影响

柠檬酸 CA/(mmol/L)	氧化还原电位/mV	电导率/(μS/cm)	酸碱度 pH
CK	155.000 ± 1.023a	80.830 ± 0.058a	6.441 ± 0.010b
3	165.300 ± 2.324b	116.070 ± 0354b	6.385 ± 0.014a
6	171.500 ± 0.907b	132.400 ± 0.283c	6.060 ± 0.015a

3.3.2 施加柠檬酸对黑麦草生长指标的影响

由表 3.11 可知，收割前一周向土壤中加入 3 mmol/kg 和 6 mmol/kg 的柠檬酸时，均增加了黑麦草地上部分和根部的生物量，其中柠檬酸浓度为 6 mmol/kg 时，圆形根箱的地上部分生物量增加最显著，与对照组 CK5Y 对比，其地上部分增加了 18.09%；矩形根箱的根部生物量增加最显著，与对照组 CK5 相比，CK5＋6 组根部增加了 50% 以上。

表 3.11 施加柠檬酸对黑麦草生长指标的影响　　　　　mg

不同处理	地上部分		根部	
	湿重	干重	湿重	干重
CK5	983.25 ± 24.958	272.58 ± 8.112	506.65 ± 4.328	142.15 ± 2.358
CK5＋3	1 050.85 ± 4.526	344.74 ± 3.681	704.21 ± 3.562	225.69 ± 2.468
CK5＋6	1 114.57 ± 7.035	405.62 ± 2.131	887.35 ± 5.578	282.07 ± 2.348
CK5Y	976.54 ± 5.235	268.79 ± 1.097	527.47 ± 6.325	150.68 ± 0.589
CK5Y＋3	1 135.74 ± 8.325	403.75 ± 2.542	683.33 ± 2.589	206.80 ± 4.350
CK5Y＋6	1 153.24 ± 6.254	392.69 ± 3.211	768.64 ± 4.235	262.85 ± 2.210

3.3.3 施加柠檬酸对植物样品中铀总量的影响

从图 3.11 中可以看出，施加 3 mmol/kg 和 6 mmol/kg 的柠檬酸后，黑麦草的地上部分和根部铀浓度都显著提高。施加 6 mmol/kg 的柠檬酸的土壤比施加 3 mmol/kg 的柠檬酸的土壤更加促进黑麦草的铀富集量。由于圆形根箱中黑麦草植株更分散，其与加入的柠檬酸接触更加充分，所以圆形根箱相比矩形根箱中的黑麦草吸收的铀更多，铀浓度更高。施加柠檬酸量为 3 mmol/kg 时，矩形和圆形两种根箱中黑麦草的地上部分铀浓度与对照组相比均提高了 80% 以上，施加柠檬酸量为 6 mmol/kg 时，矩形根箱的地上部分铀浓度是对照组 CK5 的 1.65 倍；圆形根箱的地上部分铀浓度是对照组 CK5 的 2.08 倍；圆形根箱的根部铀浓度提高了 1.41 倍。由表 3.12 中可以看出，施加 3 mmol/kg 和 6 mmol/kg 的柠檬酸后，黑麦草的地上部分和根部的生物富集系数以及黑麦草的转运系数都随着施加柠檬酸的量显著提高。

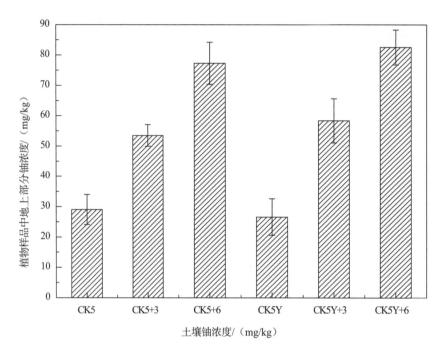

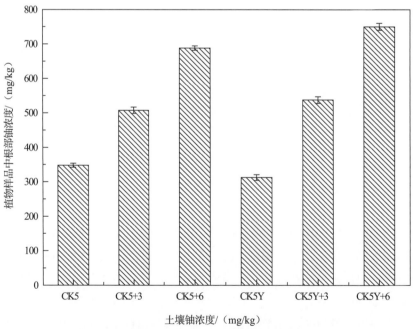

图 3.11 施加柠檬酸后植物样品中地上部分和根部的铀浓度 （mg/kg）

表 3.12 不同根箱类型、不同铀浓度处理下植物体的 BCF 和 TF

不同处理	地上富集系数 BCF	根部富集系数 BCF	转运系数 TF
CK5	5.813	69.513	0.084
CK5+3	10.696	101.470	0.105
CK5+6	15.454	137.649	0.112
CK5Y	5.320	62.500	0.085
CK5Y+3	11.671	107.513	0.109
CK5Y+6	16.512	150.065	0.110
最大值	16.512	150.065	0.112
平均值	10.911	104.785	0.101

表 3.13 不同根箱类型、不同铀浓度处理下植物的 BCQ、BQF 和 TQF

不同处理	地上富集量 BCQ/(μg)	根部富集量 BCQ/(μg)	地上富集量系数 BQF/($\times 10^{-3}$)	根部富集量系数 BQF/($\times 10^{-3}$)	转运量系数 TQF
CK5	7.923	49.406	1.584	9.881	0.160
CK5+3	7.149	47.087	1.429	9.417	0.152
CK5+6	15.159	59.967	1.515	5.996	0.253
CK5Y	12.950	54.863	1.295	5.486	0.236
CK5Y+3	16.946	67.728	1.129	4.515	0.250
CK5Y+6	14.755	75.586	0.983	5.039	0.195
最大值	16.946	75.586	1.584	9.881	0.253
平均值	12.480	59.106	1.323	6.722	0.207

3.3.4 施加柠檬酸对根际土壤中的铀含量的空间动态变化

由于柠檬酸活化了土壤中的铀，提高了黑麦草的生物有效性，利于黑麦草对土壤中铀的吸收[20]。由表 3.14 可以看出，矩形根箱在根际土壤和横向 6 mm 的富集区内，随着柠檬酸的浓度增加，铀浓度在随之升高；而在 6～10 mm 以及非根际土的一侧随着柠檬酸的浓度增加，铀浓度变化并不显著。圆形根箱中 1 cm 的富集区内随着柠檬酸的增加，土壤中铀浓度也随之缓慢增加，但可能是由于柠檬酸加入圆形根箱时更为分散，接触到柠檬酸的土壤面积更大，矩形根箱中的土壤浓度变化与圆形根箱相比更为明显。这表明，向土壤中添加柠檬酸能使根际铀的含量增加，促进铀在根际的发生富集作用，而且柠檬酸的浓度越高对于铀在根际的富集越有利。矩形根箱中施加柠檬酸后，富集区内的铀浓度高于圆形根箱，这表明施加柠檬酸后，铀更易于发生横向迁移而非纵向迁移。

表 3.14 施加柠檬酸条件下，距根面不同距离土壤中铀含量 mg/kg

处理	距根面距离/mm					
	0～1	1～3	3～6	6～10	非根际	根际土
CK5	7.821 ± 0.674	8.226 ± 1.279	6.908 ± 1.380	6.937 ± 0.610	5.455 ± 0.937	9.838 ± 2.505
CK5+3	7.969 ± 2.380	7.417 ± 2.929	7.029 ± 1.358	7.247 ± 1.234	6.298 ± 1.160	10.847 ± 2.780
CK5+6	8.544 ± 3.714	8.493 ± 1.574	7.536 ± 0.993	7.702 ± 3.224	6.737 ± 2.052	13.627 ± 1.987
CK5Y	6.801 ± 1.893	6.113 ± 1.287	5.982 ± 0.921	5.687 ± 0.869	5.662 ± 0.777	9.628 ± 0.845
CK5Y+3	7.254 ± 0.998	6.845 ± 1.568	6.364 ± 1.952	6.521 ± 1.564	6.105 ± 1.324	11.258 ± 3.524
CK5Y+6	7.826 ± 1.498	7.235 ± 1.893	6.831 ± 2.059	6.973 ± 0.887	6.116 ± 1.753	12.546 ± 2.045

3.3.5 施加柠檬酸对根际土壤中的铀的形态变化及转化

从图 3.12 中可以看出，施加柠檬酸后，根际土壤与非根际土壤中残渣态占总相态的百分比均随着柠檬酸浓度的增加而减小，这是由于柠檬酸的酸化作用，使得土壤中的惰性铀变成潜在活性铀以及活性铀，形成了一个由残渣态向其他相态转化的过程。矩形根箱中根际土壤主要以可交换态、碳酸盐结合态和残渣态为主，施加 3 mmol/kg 柠檬酸的根际土壤中主要以可交换态、碳酸盐结合态、无定型铁锰氧化物/氢氧化物结合态、晶质型铁锰氧化物/氢氧化物结合态以及残渣态为主，其中残渣态含量比未施柠檬酸时显著降低，可交换态铀含量比未施柠檬酸时有所升高。圆形根箱中根际土壤中的活性铀明显高于非根际土壤，施加 3 mmol/kg 柠檬酸后，非根际土壤中的可交换态和碳酸盐结合态两种相态的铀含量明显增加；根际土壤中残渣态铀和晶质型铁锰氧化物/氢氧化物结合态两种相态铀的含量占总量的百分比明显下降。施加 6 mmol/kg 柠檬酸时，残渣态铀所占比例减少，无定型铁锰氧化物/氢氧化物结合态和有机质结合态所占总相态比例变大，这表明此时加入 6 mmol/kg 柠檬酸后，一部分残渣态铀转化成了无定型铁锰氧化物/氢氧化物结合态和有机质结合态。

从图 3.13 中可以看出，施加柠檬酸后根际土壤与非根际土壤中的残渣态均为含量最高的铀相态。非根际土壤中有机质结合态随着柠檬酸的施加浓度的增高含量增加，无定型铁锰氧化物/氢氧化物结合态的含量与对照组相比均有所升高。当施加柠檬酸含量为 6 mmol/kg 时，非根际土壤中残渣态铀呈明显降低趋势，可能是由于柠檬酸的酸性活化作用使得其中的惰性铀有一部分转化成了活性铀或是潜在活性铀。活性铀和潜在活性铀，这两种相态的铀存在于土壤环境中易被植物吸收或潜在被植物吸收的可能；惰性铀包括晶质型铁锰氧化物/氢氧化物结合态和残渣态，这两种形态的铀在短时间内不会轻易发生分解，对环境造成的威胁小。

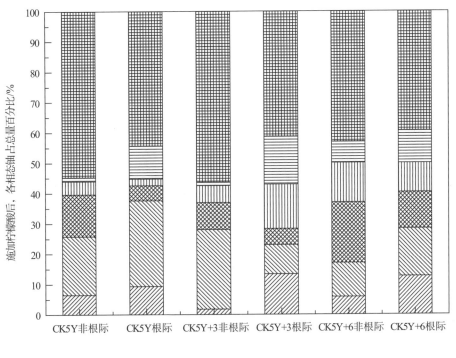

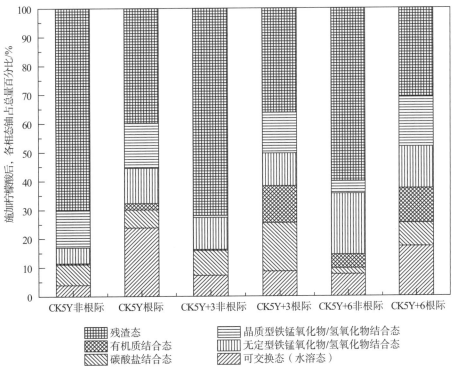

残渣态	晶质型铁锰氧化物/氢氧化物结合态
有机质结合态	无定型铁锰氧化物/氢氧化物结合态
碳酸盐结合态	可交换态（水溶态）

图 3.12　施加柠檬酸后不同铀浓度处理条件下，各相态铀占相态总和百分比

施加柠檬酸后根际土壤中铀的形态转化过程表明，由于柠檬酸能激活土壤中的惰性铀，使得土壤中的晶质型铁锰氧化物/氢氧化物和残渣态铀的一部分转化为其他几种潜在活性铀和活性铀。此外，根际土壤环境是植物根际释放柠檬酸与实验所施加的柠檬酸形成一个根系－柠檬酸－根际土壤的一个动态环境。根系释放柠檬酸等有机酸与根际土壤中的铀发生络合反应，同时外源施加的柠檬酸使得根际土壤中的一部分惰性铀重新激活，因此，在这一根系－柠檬酸－根际土壤的动态环境促进了黑麦草根系对铀的吸收和富集。

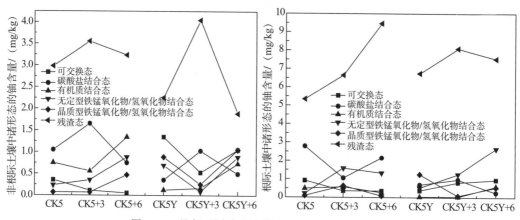

图 3.13　施加不同浓度柠檬酸后，各相态铀的含量

3.3.6　施加柠檬酸对土壤中 pH 的影响

施加柠檬酸后，根际土壤与非根际土壤的 pH 都逐渐降低，柠檬酸加入的量越大，pH 与对照组相比越小。主要原因可能有：一是向土壤加入外源柠檬酸，柠檬酸属于酸性物质，进入土壤后使得土壤酸化，pH 降低，并且随着加入柠檬酸的浓度增大而减小；二是黑麦草根系会释放草酸、苹果酸、乙酸、柠檬酸等一系列有机酸，外源柠檬酸会刺激黑麦草根系使其大量分泌有机酸；三有机酸能够降低土壤对铀的吸附作用，使得植物能够与从土壤中解析出的 UO_2^{2+} 结合，从而增加了铀在植物体内的富集和转运。从图 3.14 中可以看出，施加柠檬酸后的 pH 均高于对照组，柠檬酸含量为 3 mmol/kg 时，矩形根箱中根际土壤的 pH 平均值最低达到 5.97，非根际土壤的 pH 为 6.31；圆形根箱中根际土壤的 pH 平均值最低达到 6.25，非根际土壤的 pH 为 6.17。施加 6 mmol/kg 柠檬酸时，矩形根箱中根际土壤的 pH 平均值最低达到 5.36，非根际土壤的 pH 为 6.03；圆形根箱中根际土壤的 pH 平均值最低达到 5.42，非根际土壤的 pH 为 5.82。

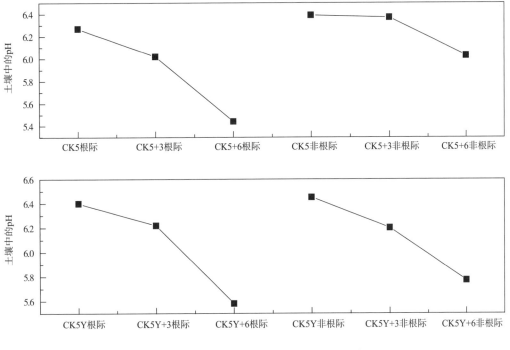

图 3.14 施加柠檬酸后，根际土壤与非根际土壤的 pH

3.3.7 施加柠檬酸对土壤中有机质的影响

向土壤中施加 3 mmol/kg、6 mmol/kg 柠檬酸时，根际与非根际土壤中有机含量如图 3.15 所示。由图 3.15 可知，加入柠檬酸后根际与非根际土壤中有机质含量均随着柠檬酸加入的浓度增加而增加。根际土壤的有机质含量要高于非根际土壤的含量，当土壤中施加 3 mmol/kg 柠檬酸时，矩形根箱中根际土壤中有机质含量达到最大值，是未施加柠檬酸的根基土壤的 1.36 倍，而当柠檬酸含量为 6 mmol/kg 时，柠檬酸含量低于 3 mmol/kg。圆形根箱中 6 mmol/kg 时，根际土壤有机质含量达到最大值，是未施加柠檬酸的土壤中有机质含量的 1.31 倍。非根际土壤中有机质的含量也高于未施加柠檬酸的非根际土壤有机质含量。施加柠檬酸后土壤中有机质含量增加可能有以下两个原因：一是柠檬酸的加入会酸化土壤，土壤的 pH 降低，酸性增强，并且土壤的透气性能差，加速了土壤中的有机质残体腐烂降解，增加了有机质的含量；二是 pH 的降低会刺激植物根系对有机酸的分泌，增加了有机质的含量。

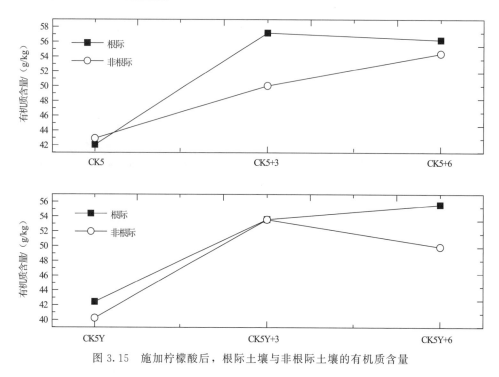

图 3.15　施加柠檬酸后，根际土壤与非根际土壤的有机质含量

3.3.8　施加柠檬酸对根际土壤中柠檬酸的作用

一般而言，根际土壤中铀的含量大小应该取决于铀的活化与固定间的平衡，而这一平衡又取决于植物产生的配位络合物的数量。柠檬酸作为植物根系分泌物中的一种重要的配位体，其与铀的络合作用可能影响到铀在根际土壤中的溶解。外源柠檬酸促进植物对铀的吸收和转移主要 3 点原因：其一，螯合剂酸化了植物根际，降低了土壤 pH，增强铀移动性，并且向植物根际环境释放了大量有机配合体，促进了铀的溶解性，提高了植物根部的吸收效率及向茎叶的转移效率。其次，外源柠檬酸激活了细胞质膜上的 ATP 酶，导致主要负责铀转移的离子通道发生变化。最后，外源螯合剂能够与铀发生螯合作用，促进部分铀向其他铀结合态转移，从而促进根系的吸收[21-22]。

土壤中柠檬酸的含量的测定选择高效液相色谱法（HPLC）测定。HPLC 测定条件：仪器型号为 Agilent 1200，配备紫外检测器，检测波长为 210 nm，色柱为 C18（4.6 mm×250 mm），流动相为甲醇和 20 mmol/L 磷酸二氢钾（磷酸调 pH＝3.0 左右），比例为 95∶5，进样量为 10 μL，柱温为 53 ℃，柠檬酸的测定采用外标法。

图 3.16 是施加柠檬酸后黑麦草根际与非根际土壤中的柠檬酸含量，从图中可以看出标样在 5 min 左右时出峰，相对应的施加 6 mmol/kg 柠檬酸的根际土壤和未施加柠檬酸的根际土壤的柠檬酸 HPLC 谱图。从图中可以看出施加了 6 mmol/kg 的柠檬酸的根际土壤中柠檬酸的峰值要比未施加柠檬酸的根际土壤的峰值高得多。结果表明，外源

柠檬酸的施加提高了土壤中柠檬酸的含量，活化了土壤中的 UO_2^{2+}，促进了植物对根际土壤中铀的吸收。

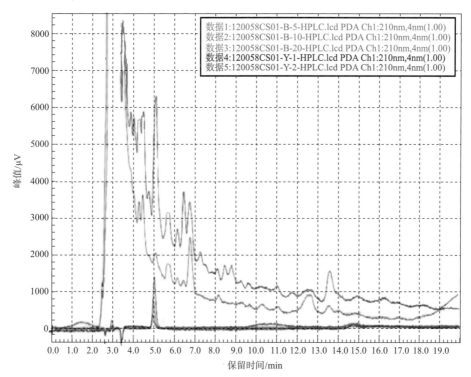

图 3.16　施加柠檬酸后，根际土壤与非根际土壤中柠檬酸的 HPLC 谱图

（数据 1、2、3 为标准样品，数据 4 为施加 6 mmol/kg 柠檬酸的根际土壤，数据 5 为未施加柠檬酸的根际土壤）

3.4　黑麦草修复铀污染土壤的机理分析

3.4.1　样品的扫描电镜分析

1. 根际土壤样品的扫描电镜（SEM）分析

如图 3.17 可以看出，扫描电镜图（a）中对照组土壤的表面样貌十分复杂，其表面并不规则，颗粒大小不一；扫描电镜图（b）、（c）、（d）、（e）则是 5 mg/kg 铀浓度的根际土壤，可以看出其表面出现很多细屑，主要是由于 UO_2^{2+} 在土壤上发生表面吸附，包括外表面吸附和层间吸附，占据大多数的小吸附位点，且有机质与铀酰离子络合产生络合物，覆盖土壤原表面，改变土壤表面形貌特征，同时有机质与土壤中的有机质结合态铀形成的络合物，从表面脱落下来。能谱图显示其中（a）、（b）、（c）、（d）、（e）五

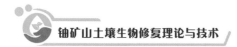

个土壤样品中铀含量的百分比分别为 0%、0.7%、0.9%、1.9%、1.1%。

（a）CK 根际土样

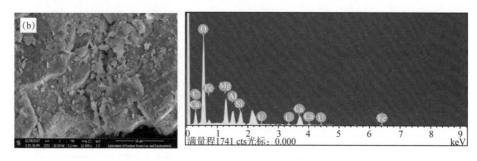

（b）矩形根箱 5 mg/kg 时根际土样

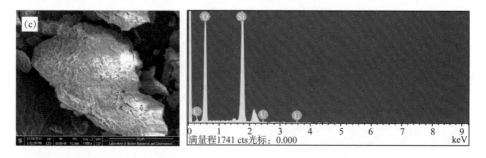

（c）圆形根箱 5 mg/kg 时根际土样

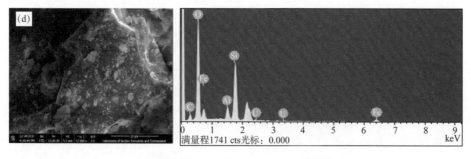

（d）矩形根箱 5 mg/kg＋6 mmol/kg 柠檬酸

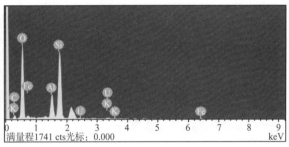

(e) 圆形根箱 5 mg/kg＋6 mmol/kg 柠檬酸

图 3.17　根际土壤样品的扫描电镜图

2. 植物样品的扫描电镜（SEM）分析

如图 3.18 所示，扫描电镜图（f）、（g）、（h）、（i）是黑麦草灰样的表面样貌，其中累积了形状各异尺寸不一的团聚体颗粒状物，与之相对应的能谱图中显示铀含量的百分比分别为 1.4%、1.4%、2.2%、2.9%。随着根际土壤中的铀污染浓度越高，黑麦草灰样中的铀含量占总元素的百分比越高。

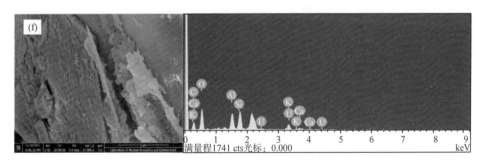

（f）矩形根箱 5 mg/kg 黑麦草根系灰样

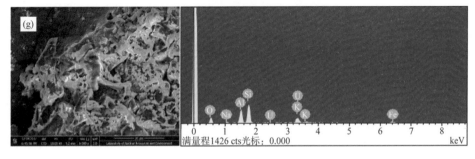

（g）圆形根箱 5 mg/kg 黑麦草根系灰样

（h）矩形根箱 5 mg/kg＋6 mmol/kg 柠檬酸黑麦草根系灰样

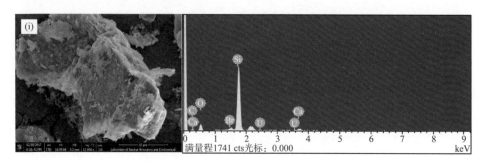

（i）圆形根箱 5 mg/kg＋6 mmol/kg 柠檬酸黑麦草根系灰样

图 3.18　植物灰样的扫描电镜图

3.4.2　根际土壤中铀形态相关性分析与聚类分析

1. 根际土壤中铀形态相关性分析

由表 3.15 可知，碳酸盐结合态、无定型铁锰氧化物/氢氧化物结合态和残渣态与铀总量在 0.01 水平上双侧显著正相关。可交换态与无定型铁锰氧化物/氢氧化物结合态及铀总量均是在 0.05 水平上双侧显著正相关；无定型铁锰氧化物/氢氧化物结合态与残渣态在 0.05 水平上双侧显著正相关。而可交换态与有机质结合态、有机质结合态与无定型铁锰氧化物/氢氧化物结合态和晶质型铁锰氧化物/氢氧化物结合态均呈现极弱负相关；碳酸盐结合态与晶质型铁锰氧化物/氢氧化物结合态呈弱负相关。相关性结果表明，各个形态的铀均在不同程度上与总量呈现正相关关系，相关性强弱排序为：残渣态＞无定型铁锰氧化物/氢氧化物结合态＞碳酸盐结合态＞可交换态＞有机质结合态＞晶质型铁锰氧化物/氢氧化物结合态。此外，各个形态之间也呈现出不同程度的正负相关性，说明土壤中铀的形态变化与各个相态的铀均存在密切联系。

表 3.15　土壤中铀形态与总量之间的相关性

	可交换态	碳酸盐结合态	有机质结合态	无定型铁锰氧化物/氢氧化物结合态	晶质型铁锰氧化物/氢氧化物结合态	残渣态	总量
可交换态	1						
碳酸盐结合态	0.127	1					
有机质结合态	−0.038	0.369	1				
无定型铁锰氧化物/氢氧化物结合态	0.443*	0.127	−0.015	1			
晶质型铁锰氧化物/氢氧化物结合态	0.242	−0.150	−0.006	0.354	1		
残渣态	0.151	0.371	0.256	0.397*	0.143	1	
总量	0.416*	0.569**	0.359	0.743**	0.317	0.815**	1

注：＊在 0.05 水平（双侧）上显著相关；

　　＊＊在 0.01 水平上（双侧）上显著相关。

2. 根际土壤中铀形态聚类分析

土壤中铀的毒性并不是取决于铀的总含量，而是与其在土壤中存在的形态关系密切。聚类分析是衡量个体相近程度的方法，根据每个个体的相近程度机体本身的特征对其进行分类。系统聚类分析是聚类分析中常用的方法之一。本文选择离差平方和法，即 Ward 法[23]。从图 3.19 铀形态的聚类分析树状图可以看出，铀形态可以分成四类，第 1 类为残渣态；残渣态对土壤环境的毒性较低，其以结晶矿物形式存在，不能被生物利用，危害小。试验中根际土壤的残渣态独自成为形态分类中的一类，可能是由于其稳定性，对环境并不存在直接的或潜在的危害。根际土壤中残渣态铀的含量百分比为 25.44%～53.91%。第 2 类为无定型铁锰氧化物/氢氧化物结合态；无定型铁锰氧化物/氢氧化物结合态对环境存在着潜在危害，通常无定型铁锰氧化物/氢氧化物结合态随着环境氧化－还原条件的变化表现出一定的活性，部分无定型铁锰氧化物/氢氧化物结合态会随之转化成为可交换态或者碳酸盐结合态。根际土壤中无定型铁锰氧化物/氢氧化物结合态铀的含量百分比为 4.28%～38.34%。第 3 类为碳酸盐结合态；由于植物根系会产生呼吸作用，产生大量的二氧化碳和水，根际土壤中的碳酸盐含量会随着植物的呼吸作用而发生变化。铀在土壤中与碳酸盐结合的机会变小，碳酸盐结合态铀会也会随着植物根系的呼吸作用而发生变化。其中，实验中根际土壤的碳酸盐结合态铀含量百分比为 10.90%～24.05%。第 4 类为可交换态、有机质结合态和晶质型铁锰氧化物/氢氧化物结合态，由图 3.19 可以看出可交换态、有机质结合态以及晶质型铁锰氧化物/氢氧化物结合态紧密归为一类，可交换态为较强的环境活性铀，根际土壤中的可交换态铀含量百分比为 2.41%～11.62%，有机质结合态铀含量百分比为 3.00%～13.79%，晶质型铁锰氧化物/氢氧化物结合态铀含量百分比为 $1.18\% \sim 13.17\%$。这 3 种形态的铀分别是活性铀、潜在活性铀和惰性态铀，聚类分析将其归为一类表明这 3 种形态在根际土壤中百分含量比存在着相同的变化趋势。

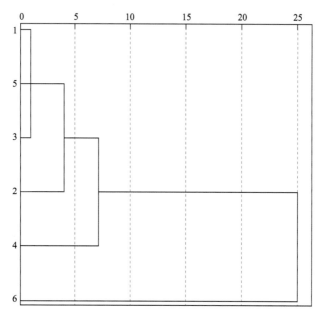

图 3.19　铀形态的聚类分析树状图

1—可交换态；2—碳酸盐结合态；3—有机质结合态；4—无定型铁锰氧化物/氢氧化物结合态；
5—晶质型铁锰氧化物/氢氧化物结合态；6—残渣态

3.4.3　黑麦草修复铀污染土壤的根际效应

根际效应主要指，铀在黑麦草根际微域的迁移和转化过程。迁移能表示土壤中铀对植物根际的供应情况，而形态转化则能反映出根际铀的活化程度。根际铀的供应情况和活性对植物吸收铀会产生重要的影响。因此，研究铀的根际效应对认为调控植物根际对铀的富集和控制铀的活性来控制土壤中的铀污染存在着非常重要的意义。

根际铀的迁移过程主要表现在铀在根际土壤与非根际土壤之间的含量差异上面，当根际土壤中的铀含量大于非根际土壤时，则表现出铀的富集，反之为铀的亏缺。植物根际铀的富集主要表现在铀的迁移速度大于植物根系对铀的吸收速度，反之则表现为亏缺。影响根际铀的因素同时也能影响植物根系对铀的吸收和铀在根际土壤中的迁移。这些因素主要包括，土壤铀污染浓度、土壤理化性质（pH、Eh 和有机质）、土壤含水量、铀的性质以及相互之间的作用等。本研究中选取的土壤为同种性质的表层土壤，根箱栽培实验过程中的土壤含水量保持在田间持水量，所以排除了土壤性质和土壤含水量对铀根际效应的影响。本研究表明，黑麦草自然种植条件下，铀在根际土壤出现了铀的富集现象，这主要可能是由于在根际土壤中黑麦草根系对铀的吸附速率小于铀在根际中的迁移速率。土壤中铀浓度越高，则根际土壤中铀含量也随之升高，这主要是由于土壤铀浓度升高增加了其对根际土壤中的铀的供应。交互作用对根际铀的效应变化铀明显的影响，添加外源柠檬酸能够增加根际土壤中铀的含量，促进根际土壤对铀的富集作用。这可能是施加外源柠檬酸后产生的交互作用，影响了黑麦草根系对铀的吸收以及根际土壤中铀的迁移。研究交互作用对根系吸收的影响的研究结果表明，外源柠檬酸的施加促进了根系对铀的吸收。本研究结果与杨瑞丽[24]的结果一致。这可能是由于柠檬酸使土壤pH降低，根际土壤中的铀活性增强，更易于与根系表面的相应的吸附位点相结合。

根际铀的转化过程主要表现为铀在根际土壤与非根际土壤中的存在形态的转化。影响根际土壤中的铀的存在形态的因素主要有 pH、有机质、螯合剂种类等。pH 能影响根际土壤中铀的存在形态，在 pH<5 时，碳酸盐结合态铀是可溶解的，此种形态铀在溶液中易与柠檬酸发生反应形成络合，在中性情况下会与形成 OH^- 化合物沉淀；pH 呈中性情况会减少可溶解的可交换态和碳酸盐结合态导致去除效果降低，并且随着 pH 增高效果降低。同时，pH 影响柠檬酸的转运能力是通过控制水中可溶解的铀的量和柠檬酸的溶解度，以及与 UO_2^{2+} 的离子交换能力，也能控制植物根系中新生成的柠檬酸的吸附性能。因为 pH 增高，酸化作用减弱，影响土壤中 UO_2^{2+} 的去除效果。同时碱度较高的情况下 UO_2^{2+} 容易发生沉淀反应也会影响植物对土壤中铀的去除效率，所以土壤中 pH 升高，铀的去除效率会随之降低。有机质能够影响铀在根际土壤中的形态，当有机质含量较高时，根际土壤中有机质结合态铀会与有机质相结合形成配合物；而有机质结合态为优势态铀，其他形态的铀转化成或即将转化为有机质结合态。有机质含量降低时，土壤中有机结合态铀与土壤中铀相结合形成的配合物减少，配合物减少抑制了根际土壤中铀的固定。本研究选择柠檬酸作为螯合剂，当向土壤中施加柠檬酸时，柠檬酸的浓度越高根际土壤中的 pH 越低，同时柠檬酸作为有机酸可以吸附土壤中的 UO_2^{2+}，活化土壤。本研究中，黑麦草自然生长条件下，pH 随着土壤铀污染浓度的增加而降低，pH 降低使得根际土壤中的活性态铀含量所占的百分比升高。有机质的含量随着 pH 的降低而增加，有机质含量增加促进了根际土壤中有机质结合态铀与有机质形成配合物，活性态铀被固定。施加柠檬酸后，本研究中黑麦草的根际与非根际土壤中铀各种形态的分布状况与所占百分比结果表明，黑麦草根际土壤中存在着与黑麦草根系的交互作用，而根际土壤中存在着对残渣态铀的强烈活化作用，促进了植物根系中惰性铀的转化，使铀的生物有效性增加，转化成为可以被植物吸收或潜在被植物吸收的其他相态。

根际土壤环境是植物根际释放柠檬酸与实验所施加的柠檬酸形成一个根系－柠檬酸－根际土壤的一个动态环境。根际环境由于植物根系分泌作用的存在，致使 pH 和 Eh 等不同于原土体。根际环境中铀的酸碱反应、氧化－还原反应、络合－解离反应、活化－固定作用以及吸附－解吸等行为的变化都最终表现为土壤中铀的形态的变化，从而改变土壤中铀的生物有效性。根系释放柠檬酸等有机酸与根际土壤中的铀发生络合反应，同时外源施加的柠檬酸使得根际土壤中的一部分惰性铀重新激活，因此，在这一根系－柠檬酸－根际土壤的动态环境促进了黑麦草根系对铀的吸收和富集，同时根际土壤中的惰性态铀也向可交换态、碳酸盐结合态、有机质结合态以及无定型铁锰氧化物/氢氧化物结合态等活性态铀和潜在活性态铀转化。

3.5　本章小结

1. 黑麦草种子的耐铀性研究

本章针对不同铀浓度处理下的黑麦草种子的发芽率、发芽势、发芽指数、活力指数以及耐性指数进行研究，结果显示黑麦草种子的萌发程度和整齐程度受到铀浓度不同的影响，在 1 mg/L 的铀浓度处理组，黑麦草种子的萌发、整齐程度都有促进作用；而低浓度、中高浓度、高浓度和超高浓度下，随浓度升高抑制作用越明显。

2. 黑麦草与铀相互作用关系研究

通过实验组（土壤含铀）和对照组（土壤中不含铀）之间以及不同水平的铀污染条件下，研究根箱栽培实验中黑麦草的生物量、黑麦草对铀的富集特征和根际土壤中铀形态、pH 和有机质的变化，根箱栽培实验结果表明，较高的铀浓度会降低黑麦草的生物量，铀在黑麦草植物体中的富集规律是：根部＞地上部分；不同铀浓度条件下，铀在根际土壤中的活性态与潜在活性态铀的含量要高于非根际土壤的；根际土壤中的 pH 随着铀浓度升高而降低，pH 降低有利于黑麦草对土壤中的铀的吸收；根际土壤有机质含量高于非根际土壤，有机质含量越高越不利于黑麦草对土壤中铀的吸收。

3. 柠檬酸诱导下的黑麦草与铀的作用机理

施加柠檬酸改变了铀污染土壤的理化性质，根际与非根际土壤中有机质含量、根际土壤中的铀含量、黑麦草的生物量、地上与根部的富集量和富集系数转运系数均随着柠檬酸加入量的增加而增加。柠檬酸的加入能使土壤中的惰性态铀激活，一部分残渣态和晶质铁锰氧化物/氢氧化物结合态转化成可以被植物吸收的碳酸盐结合态和可交换态。根际土壤的有机质含量要高于非根际土壤的含量，矩形根箱和圆形根箱施加柠檬酸后，根际土壤有机质含量分别是未施加柠檬酸的土壤中有机质含量的 1.36 和 1.31 倍。此外，根际土壤环境是植物根际释放柠檬酸与实验所施加的柠檬酸形成一个根系－柠檬酸－根际土壤的一个动态环境。

4. 铀的吸附机理与根际效应研究

扫描电镜（SEM）分析与 EDS 能谱图分析表明，土壤表面有大量吸附 UO_2^{2+} 的吸附位点，这是影响植物吸附铀能力的重要因素；植物灰样表面聚集了不同形状和大小的与铀结合的颗粒。根际土壤中铀形态与总量的相关性分析与聚类分析表明，各种形态的铀与总量呈不同程度的正相关关系，各类形态之间呈现不同程度的正负相关关系。根据土壤中铀存在形态的变化趋势可以将根际土壤中铀的形态主要分为 4 类。pH 降低和外源柠檬酸的应用促进了铀在植物根际中的富集和植物根部惰性铀的转化，这增加了铀的生物利用性，并将其转化为可被吸收或潜在被吸收的其他形态。

参考文献：

[1] Office U. Environmental Protection Agency：National Primary Drinking Water Regulations：Interim Enhanced Surface Water Treatment，B-281736，December 30，1998 [J]. 1998.

[2] 龚磊. Ni^{2+}、Cu^{2+} 胁迫对五种旱生植物种子萌发及幼苗生长的影响 [D]. 甘肃农业大学，2013.

[3] 任艳芳，何俊瑜，张冲，等. 铅胁迫对莴苣种子萌发和部分生理代谢的影响 [J]. 江苏农业学报，2010，26（4）：740-744.

[4] 苏爱华，林匡飞，张卫，等. 纳米 TiO_2 对油菜种子发芽与幼苗生长的影响 [J]. 农业环境科学学报，2009，28（2）：316-320.

[5] 赵玉红，拉巴曲吉，罗布，等. 铜、镉、铅、锌对 4 种豆科植物种子萌发的影响 [J]. 种子，2017，36（1）：22-28.

[6] 何欢乐，蔡润，潘俊松，等. 盐胁迫对黄瓜种子萌发特性的影响 [J]. 上海交通大学学报（农业科学版），2005，23（2）：148-152.

[7] 吴雪. 四种豆科植物对铜的耐性机理及铜尾矿的修复研究 [D]. 江西财经大学，2013.

[8] 董生发，马艳芳，朱建荣，等. 盐湖卤水中铀的激光液体荧光法测定 [J]. 无机盐工业，2012，44（2）：58-59.

[9] 吕贻忠，李保国. 土壤学实验 [M]. 北京：中国农业出版社，2010.

[10] 何丽霞，蒙延泰，邵婕文，等. γ 能谱法在快堆新燃料 ^{235}U 富集度核实测量中的应用 [J]. 同位素，2008（1）：61-64.

[11] Neves V M，Heidrich G M，Hanzel F B，et al. Rare earth elements profile in a cultivated and non-cultivated soil determined by laser ablation-inductively coupled plasma mass spectrometry [J]. Chemosphere，2018，198：409-416.

[12] 司马立强，吴丰，范玲，等. 自然伽马能谱测井与中子活化铀差异原因分析 [J]. 测井技术，2007（3）：41-43.

[13] 周秀丽. 某铀矿区土壤放射性核素铀形态分布特征及其生物有效性研究 [D]. 东华理工大学，2016.

［14］毕春娟，陈振楼，郑祥民，等. 根际环境重金属地球化学行为及其生物有效性研究进展［J］. 地球科学进展，2001（3）：387-393.

［15］任亚敏，王宏慧，张明玉. 浅析铀污染土壤根际环境的研究［J］. 科技创新与应用，2011（23）：21-22.

［16］宋照亮，朱兆洲，杨成. 乌江流域石灰土中铀等元素形态与铀活性［J］. 长江流域资源与环境，2009，18（5）：471-476.

［17］Guo P，Duan T，Song X，et al. Evaluation of a sequential extraction for the speciation of thorium in soils from Baotou area，Inner Mongolia［J］. Talanta，2007，71（2）：778-783.

［18］Martínez-Aguirre A，Garcia-León M，Ivanovich M. U and Th speciation in river sediments［J］. Science of the Total Environment，1995，s 173-174（1-6）：203-209.

［19］林海涛. 茶树根际铅、镉的动态过程及其机理研究［D］. 山东农业大学，2005.

［20］王丹，钟钼芝，徐长合，等. 一种利用柠檬酸促进蚕豆修复治理铀污染土壤的方法［P］. 2012.

［21］Krishnamurthy P，Ranathunge K，Franke R，et al. The role of root apoplastic transport barriers in salt tolerance of rice（Oryza sativa L.）［J］. Planta，2009，230（1）：119-134.

［22］李华英. 外源柠檬酸和草酸对镉胁迫下苎麻生理响应的影响研究［D］. 湖南大学，2014.

［23］冯岩松. SPSS22. 0统计分析应用教程［M］. 北京：清华大学出版社，2015.

［24］杨瑞丽. 螯合剂诱导黑麦草等植物修复铀（Ⅵ）污染土壤试验研究［D］. 南华大学，2016.

第 4 章

黑麦草和小白菜间作对铀污染
土壤的植物强化修复技术

近年来，国内外学者对超富集植物修复重金属污染土壤非常关注，但目前已知的超富集植物不仅种类稀少，且受到环境条件限制存在生长缓慢、生物量低等缺点，研究表明[1-2]，单一植物在修复重金属污染土壤时更易受到周围环境因素的干扰，导致植物富集重金属总含量减少，植物生长的生态环境受到影响。铀矿山土壤放射性污染是世界各国面临的重大难题，植物修复是当前应对土壤污染问题的主要治理手段，由于矿山及周围环境条件对修复植物具有极大的限制，因此，选取两种或多种生物量大且不受环境条件限制的植物间作模式来修复大面积矿山污染土壤，通过优化的植物间作强化修复技术是解决植物修复技术应用实践的有效途径。

本文以铀矿山铀污染土壤为研究对象，选取黑麦草和小白菜为供试植物，探究黑麦草和小白菜间作种植模式下对铀污染土壤的修复作用机制，为铀矿山土壤修复技术的实践应用奠定了基础。

4.1 材料与方法

4.1.1 实验材料

供试植物：小白菜；黑麦草。
供试土壤：取自某铀矿山的表层土壤。

4.1.2 实验仪器与试剂

实验所用主要仪器如表 4.1 所示。

表 4.1 实验仪器列表

序号	实验仪器	型号规格	生产厂商
1	低速离心机	TD6	江苏常州金城海澜仪器
2	马弗炉	KSY	沈阳市节能电炉厂
3	恒温电热板	DB-3A/B	江苏金坛荣华仪器
4	恒温干燥箱	DHG-9030	上海精宏仪器
5	分析天平（精确到 0.0001）	AR224CN	奥豪斯仪器
6	水浴恒温振荡器	THZ-82A	江苏国旺仪器
7	电感耦合等离子体发射光谱仪	5100	安捷伦科技
8	可调式电砂浴	DK-1.5	北京永光明医疗仪器
9	可见分光光度计	722G	上海精科
10	电热恒温水浴锅	DK-S22	上海一恒仪器
11	高压灭菌锅	MLS-3750	日本三洋
12	智能人工气候箱	RXZ-260B	宁波江南仪器厂
13	高效液相色谱仪	1260	安捷伦科技

实验用水为去离子水，实验所用试剂均为分析纯，主要有 HNO_3、HF、$HClO_4$、$NaHCO_3$、重铬酸钾、H_2SO_4、硫酸亚铁、Ag_2SO_4、SiO_2、甲苯、尿素、柠檬酸、氢氧化钾、苯酚、乙醇、甲醇、丙酮、氢氧化钠、次氯酸钠、硫酸铵等。

4.1.3 实验设计

供试土壤从矿区取回后放置在干爽通风处风干，随后去除石子、枯枝和残根，研磨过筛。将供试土壤分为高、低两种浓度并分别准确称取 2 kg 土壤装入花盆中，加入尿素（0.5 g/kg）、磷酸二氢钾（0.44 g/kg）和水混匀，平衡 1 周后进行播种。根据土壤浓度的不同将实验各分为 4 个处理组，分别为（A）单作小白菜，（B）间作小白菜，（C）单作黑麦草，（D）间作黑麦草。其中，单作花盆准确称取植物种子 30 粒，间作花盆准确称取两种植物种子各 30 粒。同时设置未受污染土壤作为对照（E）CK 小白菜和（F）CK 黑麦草，每组处理设置 3 个平行，共 36 盆样品。每天保持土壤持水量，栽培 45 d 后收割。同时，将植物根际土壤风干，之后过 1 mm 筛作为样品备用。

4.1.4 实验方法

1. 土壤基本理化性质的测定

土壤基本理化性质测定方法如表 4.2 所示。

表 4.2 土壤基本理化性质测定方法

土壤基本理化性质	测定方法
土壤 pH	电位法
土壤有机质	重铬酸钾比色法[3]
土壤碱解 N	碱解蒸馏法[4]
土壤有效 P	碳酸氢钠－钼锑抗分光光度法[5]
土壤速效 K	醋酸铵浸提－火焰光度法[6]
土壤总铀	ICP-OES

实验选用某铀矿区周边农田表层土壤，供试土壤基本理化性质如表 4.3 所示。

表 4.3 土壤基本理化性质

土样	pH	有机质/ (g/kg)	碱解 N/ (mg/kg)	有效 P/ (mg/kg)	速效 K/ (mg/kg)	总铀/ (mg/kg)
高浓度	5.21	40	116.426	36.154	106.254	312.433
低浓度	5.12	36	114.268	35.248	104.254	229.867

2. 植物生物量的测定

收割植物依据张磊等[7]使用的挖掘法获取。将收割后的植物洗净，然后放入干燥箱内并烘干至恒重，最后将植物取出测定其干重。

3. 植物体内铀含量的测定

将烘干后的植物放入马弗炉中灰化 8 h，然后在植物灰样中加入以硝酸∶高氯酸∶氢氟酸＝5∶3∶2（15 mL∶9 mL∶6 mL）的溶液混合，并放在电热板上加热，待冷却后过滤、定容待测。

4. 土壤铀形态的测定

本研究将 Tessier 五步提取法进行改进，由原来的 5 种形态增加到 6 种形态，分别为 F1 可交换态（EX）、F2 碳酸盐结合态（CA）、F3 有机质结合态（OM）、F4 无定型 Fe-Mn 氧化物结合态（AOX）、F5 晶质型 Fe-Mn 氧化物结合态（COX）和 F6 残渣态（RE）。具体形态测定方法参照周秀丽[8]。

5. 根际土壤酶活性的测定

（1）根际土壤过氧化氢酶活性采用紫外分光光度法测定：① 取 2.00 g 风干土样与 40 mL 的 H_2O 和 5 mL 的 30% H_2O_2 混合振荡；② 滴入 1 mL $KAl(SO_4)_2 \cdot 12H_2O$ 溶液（称取 5.9 g $KAl(SO_4)_2 \cdot 12H_2O$ 放于 100 mL 去离子水中，加热溶解后冷却至室

温；③ 将上清液与 5 mL 浓度为 1.5 mol/L 的 H_2SO_4 溶液混合，待测。具体测定方法参照杨兰芳[9]等。

（2）根际土壤脲酶活性采用紫外分光光度法测定：① 取 5.00 g 风干土样与 1 mL 甲苯、20 mL 柠檬酸盐缓冲溶液和 10 mL 的 10% CH_4N_2O 溶液混匀；② 1 d 后过滤；③ 取 1 mL 滤液与 10 mL 的 H_2O、4 mL 的 C_6H_5ONa 和 3 mL 的 NaClO 溶液混匀，定容待测。具体测定方法参照孙曦[10]。同时氮的标准曲线如图 4.1 所示，R^2 的值为 0.994 4。

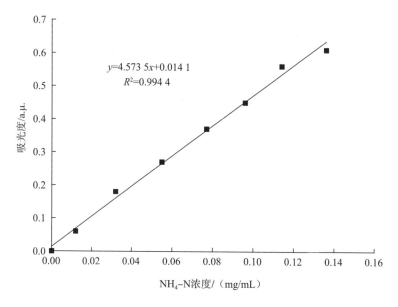

图 4.1　氮的标准曲线

6. 根际土壤微生物数量的测定

根际土壤微生物数量采用涂布平板法测定[11]。

7. 根际土壤有机酸种类和含量的测定

根际土壤有机酸种类和含量采用 HPLC 法测定[12]：（1）取 2.0 g 土壤与 10 mL 的 H_2O 振荡离心；（2）过滤上清液后浓缩；（3）定容待测。同时各有机酸标准浓度如表 4.4 所示，有机酸标准品色谱图如图 4.2 所示。

表 4.4　有机酸标准浓度　　　　　　　　　　　　mg/L

编号	草酸	L-苹果酸	L-乳酸	乙酸	α-酮戊二酸	柠檬酸	琥珀酸	富马酸
1	1.8	40.8	40	50.4	10.2	15.21	32.7	2.534
2	4.5	102	100	126	25.5	38.025	81.75	6.336
3	9	204	200	252	51	76.05	163.5	12.672
4	14.4	326.4	320	403.2	81.6	121.68	261.6	20.275
5	18	408	400	504	102	152.1	327	25.344

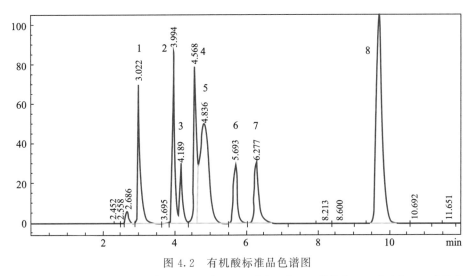

图 4.2　有机酸标准品色谱图

1—草酸；2—L-苹果酸；3—L-乳酸；4—乙酸；5—α-酮戊二酸；6—柠檬酸；7—琥珀酸；8—富马酸

4.2　黑麦草和小白菜间作模式对铀污染土壤修复的强化作用

4.2.1　不同种植模式对植物生物量的影响

　　植物生物量是反映植物生长情况的重要指标。图 4.3 和图 4.4 为单作和间作模式下黑麦草和小白菜地上部和地下部生物量。由图 4.3 和图 4.4 可知，无论是高水平铀污染土壤还是低水平铀污染土壤，黑麦草和小白菜地上部和地下部生物量在单作模式、间作模式及 CK 处理组之间均存在显著性差异（$P<0.05$）。在高、低水平铀污染土壤条件下，间作黑麦草地上部和地下部生物量较单作有明显升高（$P<0.05$），分别提高了 58.29%、20.18% 和 36.57%、18.72%；间作小白菜地上部和地下部生物量也较单作有明显升高（$P<0.05$），分别提高了 45.18%、27.13% 和 107.83%、18.22%，由此说明间作模式对植物的生长起到促进作用，这与徐年等[13]与单作相比，间作可提高油菜生物量的研究结果保持一致。研究表明[14]：植物生物量的变化可能与耐受性有关，本实验中黑麦草和小白菜间作增强了对铀的耐受性，进而提高净光合速率和植物生长酶的活性，从而促进黑麦草和小白菜的生长。在高、低水平铀污染土壤条件下，黑麦草和小白菜地上部和地下部生物量在单作和间作模式下都显著低于 CK 处理组（$P<0.05$），这说明铀对黑麦草和小白菜生长起到一定抑制作用。同时，无论是间作还是单作，在低水平铀污染土壤条件下，黑麦草和小白菜地上部和地下部生物量均高于高水平铀污染土壤。这说明土壤铀浓度的提高，会抑制植物的生长导致其生物量下降。这与王帅等[15]低水平土壤铀较高水平更易促进植物生长的研究结果保持一致。

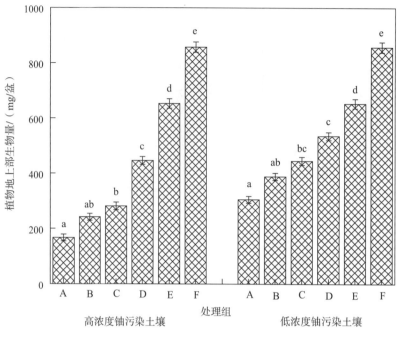

图 4.3　不同种植模式下植物地上部生物量

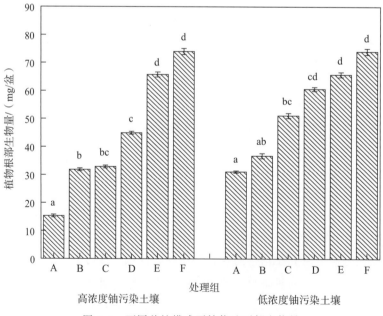

图 4.4　不同种植模式下植物地下部生物量

4.2.2　不同种植模式对植物体内铀含量的影响

图 4.5 和图 4.6 为单作和间作模式下黑麦草和小白菜地上部和地下部铀含量。由图 4.5 可知，在高、低水平铀污染土壤条件下，与单作相比，黑麦草和小白菜在间作模式中地上部铀含量显著提高（$P<0.05$），黑麦草地上部铀含量分别由单作的 224.932 mg/kg、190.765 mg/kg 提高到 290.557 mg/kg、270.879 mg/kg，分别提高了 29.18％和 42％；小白菜地上部铀含量分别由单作的 196.667 mg/kg、143.333 mg/kg 提高到 229.765 mg/kg、198.569 mg/kg，分别提高了 16.83％和 38.54％。各处理组对黑麦草和小白菜地上部富集铀的贡献依次为：D＞B＞C＞A，说明间作模式可促进黑麦草和小白菜地上部对土壤铀的富集。

由图 4.6 可知，在高、低水平铀污染土壤条件下，与单作相比，黑麦草和小白菜在间作模式中地下部铀含量显著提高（$P<0.05$），黑麦草地下部铀含量分别由单作的 449.521 mg/kg、368.941 mg/kg 提高到 536.481 mg/kg、471.912 mg/kg，分别提高了 19.35％和 27.91％；小白菜地下部铀含量分别由单作的 331.333 mg/kg、293.333 mg/kg 提高到 454.976 mg/kg、376.715 mg/kg，分别提高了 37.32％和 28.43％。各处理组对黑麦草和小白菜地下部富集铀的贡献依次为 D＞B＞C＞A，说明间作模式可促进黑麦草和小白菜地下部对土壤铀的富集。

由图 4.5 和图 4.6 的研究结果表明，无论高水平还是低水平铀污染土壤，与单作相比，黑麦草和小白菜在间作模式中地上部和地下部铀含量有所提高。这说明间作模式有促进植物地上部和地下部吸收富集铀的作用。刘海军等[16]研究发现，在 Cd 污染土壤水平下，与单作相比，马唐和玉米间作显著提高两种植物体内对 Cd 的积累量。R. L. Heath 等[17]研究发现，植物体将富集的放射性核素和重金属与体内某种物质进行螯合，并移动至代谢活动较弱的部位，以减缓对植物的毒害。本实验中黑麦草和小白菜间作可能利用此种机制，加强对铀的螯合作用，以减弱对自身的毒害，从而促进地上部和地下部对铀的富集。同时，无论是单作还是间作，在高水平铀污染土壤条件下，黑麦草和小白菜地上部和地下部铀含量较低水平有所升高，这表明土壤铀水平的高低直接影响黑麦草和小白菜对铀的富集能力，徐国聪等[18]的实验结果同样验证这一点。在不同种植模式下，黑麦草和小白菜地下部铀含量远高于地上部分。这说明黑麦草和小白菜地下部富集铀的能力高于地上部分，即黑麦草和小白菜吸收铀的主要组织为地下部。

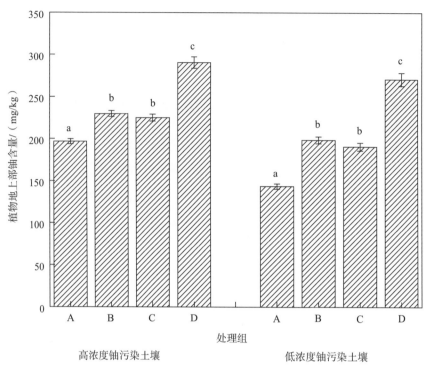

图 4.5　不同种植模式下植物地上部铀含量

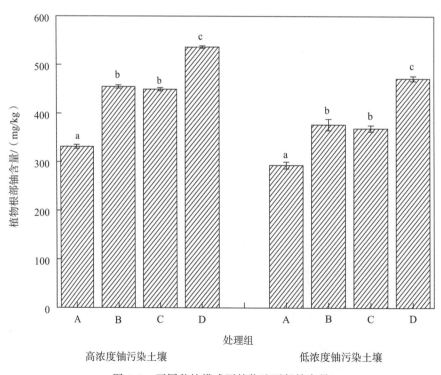

图 4.6　不同种植模式下植物地下部铀含量

植物铀富集系数：

$$BCF = \frac{C_{ground}}{C_{soil}} \text{或} \frac{C_{root}}{C_{soil}} \tag{4.1}$$

植物铀转移系数：

$$TF = \frac{C_{ground}}{C_{root}} \tag{4.2}$$

植物铀累积量：

$$BCQ = \frac{C_{ground}}{C_{root}} \times \frac{m_{ground}}{m_{root}} \tag{4.3}$$

总铀累积量：

$$TEA = BCQ_{ground} + BCQ_{root} \tag{4.4}$$

提取效率：

$$\frac{TEA}{C_{root}} \times 100\% \tag{4.5}$$

式中：C_{ground} 为植物地上部富集铀浓度，mg/kg；C_{root} 为植物地下部富集铀浓度，mg/kg；C_{soil} 为土壤铀本底值，mg/kg；m_{ground} 为植物地上部生物量，mg；m_{root} 为植物地下部生物量，mg。

如上述公式可得计算结果如表 4.5 和表 4.6 所示。由表 4.5 可知，在高、低水平铀污染土壤条件下，间作黑麦草和小白菜地上部和地下部的富集系数较单作有明显升高（$P<0.05$）。在低水平铀污染土壤条件下，间作黑麦草和小白菜的转移系数较单作有所升高，而在高水平铀污染土壤条件下，间作黑麦草和小白菜的转移系数则较单作有所下降，这说明间作黑麦草和小白菜在外源铀浓度较低时更易将铀从地下部分转移至地上部。在高、低水平铀污染土壤条件下，无论单作还是间作，黑麦草和小白菜的富集系数均表现为地下部高于地上部，且所有种植模式下转移系数均小于1，这说明黑麦草和小白菜将铀从地下部分转移至地上部分的能力较弱，土壤铀主要被富集在植物地下部分。同时，无论是间作还是单作，在低水平铀污染土壤条件下，黑麦草和小白菜的富集系数以及地下部分的转移系数均较高水平有所上升，这说明黑麦草和小白菜体内富集铀浓度达到一定水平后，其地下部将铀转运到地上部的效率降低，导致黑麦草和小白菜对铀的富集转移能力减弱。

一般而言，超富集植物和富集植物的评价指标容易忽视植物对重金属的总累积量和修复效率的讨论，故本实验在阅读文献的前提下提出铀累积量和提取效率。由表 4.6 可知，在高、低水平铀污染土壤条件下，间作黑麦草和小白菜地上部分和地下部分的铀累积量及提取效率较单作均有明显上升（$P<0.05$），且间作黑麦草对铀的总累积量高于其他种植模式，分别提高了 288.12%、118.88%、112.87% 和209.41%、104.38%、67.49%。同时，黑麦草和小白菜地上部铀累积量远高于地下部铀累积量。

表 4.5 不同种植模式下植物体的 BCF、TF

土壤铀水平/ (mg/kg)	不同处理模式	地上部富集系数 BCF	根部富集系数 BCF	转移系数 TF
高浓度	A	0.629 ± 0.01a	1.06 ± 0.013a	0.594 ± 0.012c
	B	0.735 ± 0.012b	1.456 ± 0.011b	0.505 ± 0.005a
	C	0.72 ± 0.013b	1.439 ± 0.011b	0.5 ± 0.013a
	D	0.93 ± 0.022c	1.717 ± 0.009c	0.542 ± 0.015b
低浓度	A	0.624 ± 0.013a	1.276 ± 0.031a	0.489 ± 0.022a
	B	0.864 ± 0.018b	1.639 ± 0.05b	0.528 ± 0.024a
	C	0.83 ± 0.02b	1.605 ± 0.028b	0.517 ± 0.009a
	D	1.178 ± 0.034c	2.053 ± 0.022c	0.574 ± 0.021b

注：表中结果均为平均值 ± 标准差。不同小写字母表示不同种植模式之间存在显著性差异（$P < 0.05$）。

表 4.6 不同种植模式下植物体的 BCQ、TEA 和提取效率

土壤铀水平/ (mg/kg)	不同处理模式	地上部累积量 BCQ/(mg/盆)	根部累积量 BCQ/(mg/盆)	总累积量 TEA/ (mg/盆)	提取效率/%
高浓度	A	35.421 ± 1.739a	5.846 ± 0.883a	41.267 ± 2.605a	13.21
	B	58.675 ± 2.003b	14.499 ± 0.643b	73.174 ± 1.415b	23.42
	C	60.453 ± 3.951b	14.789 ± 0.412b	75.242 ± 4.352b	24.08
	D	135.522 ± 2.312c	24.643 ± 0.56c	160.166 ± 2.742c	51.26
低浓度	A	47.691 ± 0.64a	10.107 ± 0.84a	57.798 ± 0.696a	25.14
	B	73.278 ± 0.062b	14.222 ± 0.192b	87.501 ± 0.206b	38.07
	C	86.94 ± 5.732c	19.836 ± 1.087c	106.776 ± 4.68c	46.45
	D	147.844 ± 11.349d	30.991 ± 1.093d	178.834 ± 10.913d	77.80

注：表中结果均为平均值±标准差。不同小写字母表示不同种植模式之间存在显著性差异（$P < 0.05$）。

4.2.3 不同种植模式对根际土壤铀含量的影响

图 4.7 为单作和间作模式下植物根际土壤铀含量。由图可知，在高水平铀污染土壤条件下，间作黑麦草和小白菜根际土壤铀含量较单作有明显下降（$P < 0.05$），分别较单作降低了 13.36% 和 13.72%。且无论是单作还是间作，黑麦草和小白菜根际土壤铀

含量均显著低于对照组（$P<0.05$），分别较对照降低了 12.14%、23.88%、5.53% 和 18.49%。在低水平铀污染土壤条件下，黑麦草和小白菜在间作模式中根际土壤铀含量较单作有所下降，但无显著差异（$P>0.05$）。同时，单作和间作与对照组之间差异明显（$P<0.05$）。无论单作还是间作，黑麦草和小白菜根际土壤铀含量显著低于对照组（$P<0.05$），分别较对照降低了 21.19%、27.71%、19.81% 和 26.55%。这说明黑麦草和小白菜对铀具有一定富集能力，同时也说明黑麦草和小白菜间作对修复铀污染土壤具有良好效果。

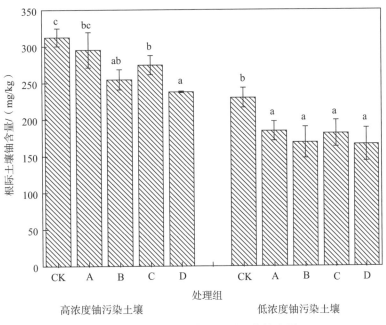

图 4.7 不同种植模式下根际土壤铀含量

4.2.4 不同种植模式对根际土壤铀化学形态的影响

研究表明[19-21]，含铀土壤中 F1 可交换态铀、F2 碳酸盐结合态铀、F3 有机质结合态铀和 F4 无定型 Fe-Mn 氧化物结合态铀统称为活性态铀，易被植物吸收积累；而 F5 晶质型 Fe-Mn 氧化物结合态铀和 F6 残渣态铀统称为惰性态铀，不易被植物吸收积累。

图 4.8 为单作和间作模式下根际土壤中各形态铀占总铀的百分比。由图可知，在高、低水平铀污染土壤条件下，除间作黑麦草外，其余处理组中的 F6 残渣态铀含量均达到总量的 40% 以上，这说明土壤中的铀基本以惰性铀的形式存在。在高、低水平铀污染土壤条件下，间作处理组根际土壤中 F1 可交换态铀和 F3 有机质结合态铀的百分比较单作均有所下降，这说明间作模式可促进黑麦草和小白菜对根际土壤 F1 可交换态铀和 F3 有机质结合态铀的吸收积累，从而导致两种形态铀的百分比有所下降。同时，

与单作相比，间作模式下根际土壤中 F2 碳酸盐结合态铀和 F4 无定型 Fe-Mn 氧化物结合态铀的百分比有所提升；而 F5 晶质型 Fe-Mn 氧化物结合态铀百分比有所下降。这可能是由于间作模式会促进植物根系分泌大量有机酸，分泌出的有机酸在根际土壤中充分释放，进而导致根际土壤 pH 的下降，从而使根际土壤中的惰性铀被激活转化为活性铀，提高了铀在根际土壤中的生物有效性。这与沙银花等[23]研究结果保持一致。

通过本研究结果表明，间作模式增强了黑麦草和小白菜与根际土壤之间的交互作用，进而促进了黑麦草和小白菜对根际土壤中 F1 可交换态铀和 F3 有机质结合态铀的吸收；同时也促进了 F6 残渣态铀和 F5 晶质型 Fe-Mn 氧化物结合态铀向 F2 碳酸盐结合态铀和 F4 无定型 Fe-Mn 氧化物结合态铀无定型铁锰氧化物/氢氧化物结合态铀的转化，而后者为活性态铀，易被黑麦草和小白菜吸收积累。

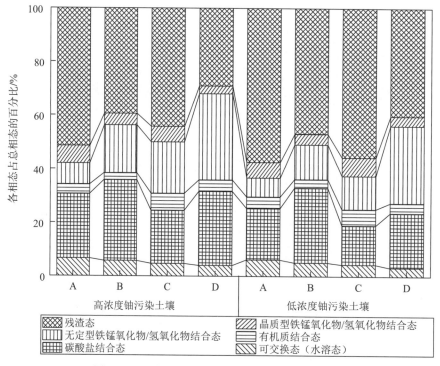

图 4.8　不同种植模式下根际土壤各形态铀百分比

4.2.5　不同种植模式对根际土壤 pH 的影响

根际土壤 pH 的大小可能会直接或间接改变铀在根际土壤中的化学形态或富集能力，从而影响铀在根际土壤中的迁移转化。有报道称[22]，根际土壤 pH 降低对土壤中难溶态重金属的溶解起到促进作用。因此 pH 降低会促进根际土壤中惰性态铀向活性态铀的转化，且毒性提升；相反，pH 升高，根际土壤中惰性态铀迁移性减弱，被牢牢固定在土壤中，且毒性也随之下降。

由图 4.9 可知，在高水平铀污染土壤条件下，各处理组之间根际土壤 pH 存在显著性差异（$P<0.05$），黑麦草和小白菜在间作模式下根际土壤 pH 均显著低于单作（$P<0.05$），且与对照组相比，黑麦草和小白菜根际土壤 pH 均显著下降（$P<0.05$），分别较对照组降低了 21.5% 和 15.93%。同时，不同处理组中，黑麦草和小白菜间作处理组根际土壤 pH 降低最多，且黑麦草和小白菜也吸收积累了大量的铀，这再次验证了间作模式可促进黑麦草和小白菜分泌有机酸，使根际土壤酸化，进而活化根际土壤中的惰性态铀，从而增强植物对铀的富集能力。同高水平铀污染土壤条件相同，在低水平铀污染土壤条件下，间作黑麦草根际土壤 pH 较单作有明显下降（$P<0.05$），而间作小白菜根际土壤 pH 较单作无明显变化（$P>0.05$）。同时，与对照组相比，黑麦草和小白菜在间作模式下根际土壤 pH 均显著降低（$P<0.05$），分别较对照组降低了 13.28% 和 7.42%。

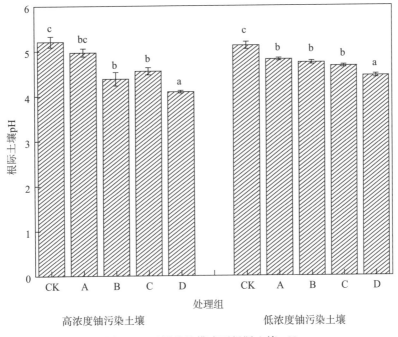

图 4.9 不同种植模式下根际土壤 pH

4.2.6 不同种植模式对根际土壤有机质的影响

研究表明[23]，根际土壤有机质含量的变化会影响重金属在土壤中的迁移能力。土壤有机质含量的提高为重金属提供了大量表面电荷和供其配位的官能团，进而提升重金属的附着能力，从而减弱重金属在土壤中的迁移性，不利于植物的富集[24]。

由图 4.10 可知，在高水平铀污染土壤条件下，不同处理组之间根际土壤有机质含量存在显著性差异（$P<0.05$）。黑麦草和小白菜在间作模式中根际土壤有机质含量均

较单作有明显下降（$P<0.05$），分别较单作下降了 11.99% 和 13.57%。且与对照组相比，黑麦草和小白菜根际土壤有机质含量同样显著降低（$P<0.05$），分别较对照组降低了 27.69% 和 22.96%。这表明黑麦草和小白菜间作消耗了大量根际土壤有机质。由于在间作模式下，黑麦草和小白菜根际土壤有机质含量较其他种植模式下降最多，且富集了大量铀，这表明根际土壤有机质下降将会增强铀在土壤中的迁移能力，进而加强植物对铀的富集。同时，有机质的降低也会导致土壤铀形态的变化，使根际土壤中更多的惰性态铀转化为其他活性态铀。同高水平铀污染土壤条件相同，在低水平铀污染土壤条件下，黑麦草和小白菜在间作模式中根际土壤有机质含量较单作也有明显下降（$P<0.05$），分别较单作下降了 10.09% 和 12.45%，且与对照相比，黑麦草和小白菜根际土壤有机质含量同样显著降低（$P<0.05$），分别较对照组降低了 26.02% 和 21.28%。

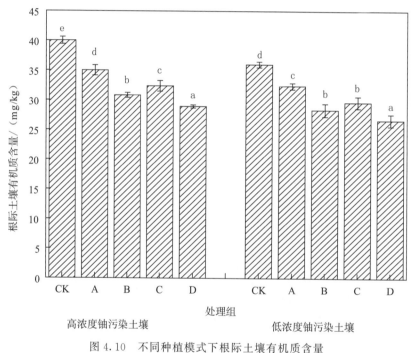

图 4.10　不同种植模式下根际土壤有机质含量

4.3　黑麦草和小白菜间作模式对植物累积铀的动态特征分析

4.3.1　不同收获时间对间作植物生物量的影响

由图 4.11 可知，间作黑麦草地上部生物量在不同收获时间存在显著性差异（$P<0.05$），在第 0 周与第 2 周之间，间作黑麦草生物量增长速度缓慢，且无明显变化（$P>0.05$），这可能是由于这一时间段内黑麦草种子在低浓度铀污染土壤中刚刚发芽，需要一段适应期，且还处于幼苗发育时期。第 2 周之后，间作黑麦草地上部生物量显著提高（$P<0.05$），在第 3 周到第 7 周之间，间作黑麦草地上部生物量明显提高，到第 7 周时，间作黑麦草地上部生物量已经达到最大为 562.577 mg/盆，较第 1 周与第 2 周分别提高了 651.98% 和 314.98%，这可能是间作黑麦草从第 3 周开始正式步入生长时期，其根系吸收大量的营养物质，进而促进间作黑麦草地上部快速生长。间作黑麦草在第 8 周时其地上部生物量较第 7 周有明显下降（$P<0.05$），这说明第 7 周为间作黑麦草的成熟时期。同时，间作黑麦草根部生物量在不同收获时间也存在显著性差异（$P<0.05$）。随着收获时间的增加，间作黑麦草根部生物量呈稳定上升趋势，且在第 7 周时，间作黑麦草根部生物量达到最大为 64.757 mg/盆，较第 1 周提高了 286.45%。在第 8 周时，间作黑麦草根部生物量为 64.067 mg/盆，较第 7 周时有所下降，但无显著性差异（$P>0.05$），这说明第 7 周为黑麦草根部的成熟时期。

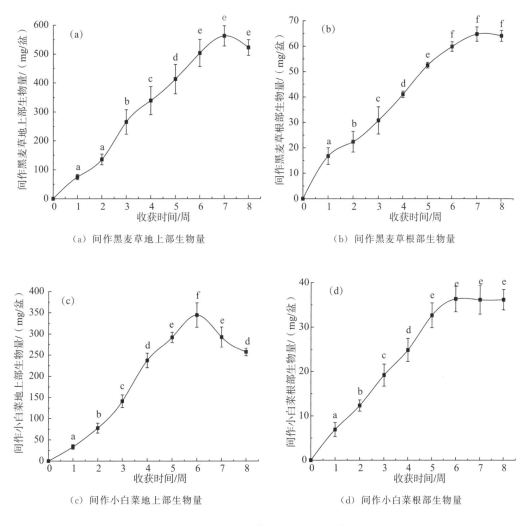

（a）间作黑麦草地上部生物量　　　　　　（b）间作黑麦草根部生物量

（c）间作小白菜地上部生物量　　　　　　（d）间作小白菜根部生物量

图 4.11　不同收获时间对间作黑麦草和小白菜生物量的影响

间作小白菜地上部生物量在不同收获时间同样存在显著性差异（$P<0.05$），在第 0 周与第 3 周之间，间作小白菜地上部生物量增长缓慢，但存在显著性差异（$P<0.05$），这可能与间作黑麦草一样处在幼苗发育时期。第 3 周之后，间作小白菜地上部生物量显著上升（$P<0.05$），在第 4 周到第 6 周之间，间作小白菜地上部生物量明显提高，到第 6 周时，间作小白菜地上部生物量已经达到 344.507 mg/盆，分别较第 3 周提高 143.7%、较第 1 周提高 933.53%。这可能与间作黑麦草一样处在生长时期。间作小白菜在第 7 周和第 8 周时，其地上部生物量显著低于第 6 周，分别降低了 15.06% 和 25.31%，这说明间作小白菜在第 6 周时已经处于成熟时期。同时，间作小白菜根部生物量在不同收获时间也存在显著性差异（$P<0.05$），随着收获时间的增加，间作小白菜根部生物量呈稳定上升趋势，且在第 6 周时，间作小白菜根部生物量达到最大为 36.327 mg/盆，较第 1 周增长了 427.01%。之后在第 7 周和第 8 周时，间作小白菜根部生物量较第 6 周无显著变化（$P>0.05$）并趋于平稳。这说明第 6 周为间作小白菜根部的成熟时期。

总的来说，间作黑麦草进入第 3 周后，其地上部和根部生物量有明显提升（$P<0.05$），且均在第 7 周达到最大，在第 8 周有所下降；间作小白菜进入第 4 周后，其地上部和根部生物量有明显提升（$P<0.05$），且均在第 6 周达到最大，在第 7 周和第 8 周趋于平稳。本研究发现：间作黑麦草和小白菜富集铀的主要部位为根部，且地上部对铀的富集量较低，因此在间作黑麦草和小白菜根部生物量最高的时期进行收获，能有效提高对土壤铀的修复效率。

4.3.2 不同收获时间对间作植物铀累积量的影响

由图 4.12 可知，间作黑麦草地上部铀累积量在不同收获时间下存在显著性差异（$P<0.05$），在第 0 周到第 2 周之间，间作黑麦草地上部铀累积量增长缓慢，且无显著性差异（$P>0.05$）。第 3 周间作黑麦草地上部铀累积量较第 1 周和第 2 周有明显提高（$P<0.05$），在第 3 周之后，铀累积量快速上升并在第 6 周达到最大为 142.969 g/盆。第 6 周之后，间作黑麦草地上部铀累积量有所下降，但无显著性差异（$P>0.05$）。同时，间作黑麦草根部铀累积量在不同收获时间也存在显著性差异（$P>0.05$），在第 0 周到第 3 周之间，间作黑麦草根部铀累积量增长缓慢，且无显著性差异（$P>0.05$）。第 4 周间作黑麦草根部铀累积量较前 3 周有明显提高（$P<0.05$），在第 4 周之后，铀累积量稳步提升并在第 7 周达到最大为 36.095 g/盆。第 8 周间作黑麦草根部铀累积量较第 7 周有所下降，但无显著性差异（$P>0.05$）。

间作小白菜地上部铀累积量在不同收获时间同样存在显著性差异（$P<0.05$）。在第 0 周到第 2 周之间，间作小白菜地上部铀累积量增长缓慢，且无明显差异（$P>0.05$），第 3 周间作小白菜地上部铀累积量较第 1 周和第 2 周有显著提高（$P<0.05$），在第 3 周之后，铀累积量快速上升并在第 5 周达到最大为 65.727 g/盆。第 5 周之后累积量有所下降，但无显著性差异（$P>0.05$）。同时，间作小白菜根部铀累积量同样也在不同收获时间存在显著性差异（$P<0.05$），在第 0 周到第 2 周之间，间作小白菜根部铀累积量增长缓慢，且无显著性差异（$P>0.05$），第 3 周之后，铀累积量显著上升并在第 6 周达到最大为 15.591 g/盆。第 6 周之后，铀累积量有所下降，但无显著性差异（$P>0.05$）。

　　总的来说，间作黑麦草和小白菜均在进入第 3 周后，其地上部铀累积量显著提高（$P<0.05$），且分别在第 5 周和第 6 周达到最大值，之后均有所下降。而间作黑麦草和小白菜根部则分别在第 3 周和第 4 周之后显著提高（$P<0.05$），且分别在第 6 周和第 7 周达到最大值，之后均有所下降。通常，在植物修复工程中能够收获的一般是植物的地上部分。因此，间作黑麦草和小白菜地上部对铀的累积量是评价土壤修复效率的重要指标。依据我国南方的主要气候特征，黑麦草和小白菜一年能够收获 2～3 次，可有效提高修复效率。但由于室内盆栽实验与实际工程有较大差异，故需要开展野外田间实验才能准确评价间作黑麦草和小白菜对土壤铀的修复效率。

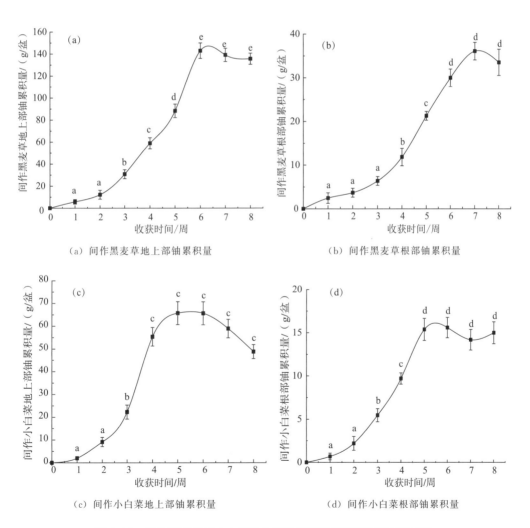

（a）间作黑麦草地上部铀累积量

（b）间作黑麦草根部铀累积量

（c）间作小白菜地上部铀累积量

（d）间作小白菜根部铀累积量

图 4.12　间作黑麦草和小白菜地上部及根部铀累积量随时间的变化

4.3.3 不同收获时间对根际土壤铀含量的影响

由图 4.13 所示，间作黑麦草根际土壤铀含量在不同收获时间存在显著性差异（$P < 0.05$），在第 1 周与第 2 周之间，根际土壤铀含量下降速度缓慢，且无明显变化（$P > 0.05$），第 3 周和第 4 周较前两周明显下降（$P < 0.05$）。从第 5 周开始，间作黑麦草根际土壤铀含量呈显著下降趋势（$P < 0.05$），在第 8 周降至最低为 124.5 mg/kg，分别较第 1 周和第 2 周降低了 40.43% 和 39.56%。

同样，间作小白菜根际土壤铀含量在不同收获时间也存在显著性差异（$P < 0.05$），在第 1 周到第 8 周之间，根际土壤铀含量呈显著下降趋势（$P < 0.05$）。在第 8 周时，间作小白菜根际土壤铀含量达到最低为 145.167 mg/kg，较第 1 周降低了 35.05%。

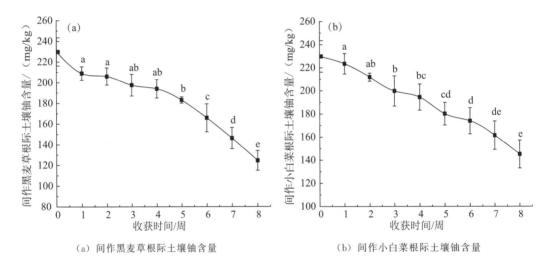

（a）间作黑麦草根际土壤铀含量 （b）间作小白菜根际土壤铀含量

图 4.13　间作黑麦草和小白菜根际土壤铀含量随时间的变化

4.3.4 不同收获时间对根际土壤酶活性的影响

由图 4.14 可知，间作小白菜在不同收获时间，根际土壤过氧化氢酶活性存在显著性差异（$P < 0.05$）。在不同收获时间，间作小白菜根际土壤过氧化氢酶活性与对照相比始终有所增强，且随着时间的增加，过氧化氢酶活性 * 先升高后降低。在第 4 周达到最大，为 0.295 mg H_2O_2 g^{-1} (20 min)$^{-1}$，分别较对照组、第 1 周和第 7 周提高了 192.08%、58.6% 和 35.32%。同样，在不同收获时间，间作黑麦草根际土壤过氧化氢

---

　　* 注：酶活性的单位有 3 种：① 国际单位，1 IU=1 μmol/min；② 卡塔尔，1 katal=1 mol/s；③ 与测试方法有关的，例如在特定条件下，20 分钟内，每克鲜样品分解过氧化氢的毫克数，写成 mg H_2O_2 g^{-1} (20 min)$^{-1}$。

酶活性与对照相比也有所增强，且随着时间的增加，过氧化氢酶活性一直升高，在第7周达到最大为 0.513 mg H_2O_2 g^{-1}（20 min）$^{-1}$，分别较对照组、第 1 周和第 4 周提高了 407.92%、83.21% 和 44.92%。

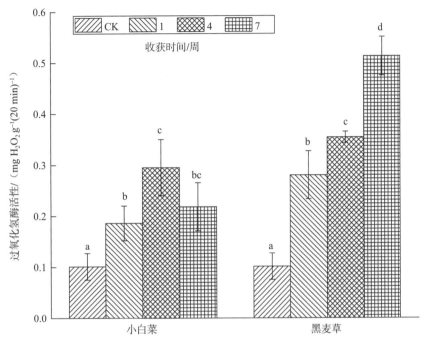

图 4.14　间作黑麦草和小白菜根际土壤过氧化氢酶活性随时间的变化

由图 4.15 可知，间作小白菜在不同收获时间，根际土壤脲酶活性存在显著性差异（$P<0.05$）。在不同收获时间，间作小白菜根际土壤脲酶活性均高于对照组。随着时间的增加，脲酶活性呈先上升后下降趋势，在第 4 周达到最大为 2.133 mg NH_4-N g^{-1}（24 h）$^{-1}$，分别较对照组、第 1 周和第 7 周提高了 279.54%、191% 和 99.91%。同样，间作黑麦草在不同收获时间，根际土壤脲酶活性也存在显著性差异（$P<0.05$）。在不同收获时间，间作黑麦草根际土壤脲酶活性均高于对照组。随着时间的增加，脲酶活性呈上升趋势，在第 7 周达到最大为 3.6 mg NH_4-N g^{-1}（24 h）$^{-1}$，分别较对照组、第 1 周和第 4 周提高了 540.57%、115.96% 和 28.67%。

总的来说，间作黑麦草和小白菜在不同收获时间下根际土壤过氧化氢酶和脲酶活性均高于对照组，说明间作模式可以增强根际土壤过氧化氢酶和脲酶的活性。研究表明[25]，高浓度重金属对土壤微生物活性起到减弱作用，进而降低土壤酶的活性。由于间作小白菜的生长周期较短，导致随着收获时间的增加，间作小白菜对土壤铀的富集能力呈先上升后下降的趋势；而间作黑麦草的生长周期较长，导致在第 0 周到第 7 周之间，间作黑麦草对土壤铀的富集能力呈上升趋势。因此，随着收获时间的增加，间作小白菜根际土壤过氧化氢酶和脲酶的活性呈先上升后下降趋势，而间作黑麦草根际土壤过氧化氢酶和脲酶的活性呈上升趋势。

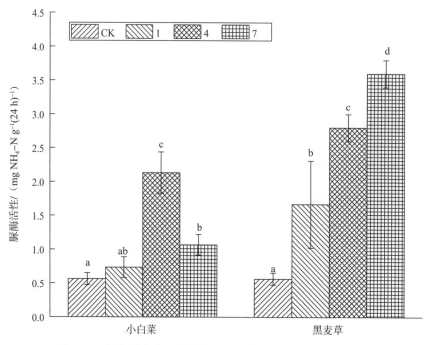

图 4.15　间作黑麦草和小白菜根际土壤脲酶活性随时间的变化

4.3.5　不同收获时间对根际土壤微生物数量的影响

图 4.16、图 4.17 和图 4.18 为间作黑麦草和小白菜根际土壤中细菌数量、真菌数量和放线菌数量的动态特征。由图 4.16 可知，间作黑麦草和小白菜在不同收获时间，根际土壤细菌数量有明显差异（$P < 0.05$）。随着时间的增加，间作小白菜根际土壤中细菌数量呈先上升后下降的趋势，且均显著高于对照组（$P < 0.05$）。在第 4 周时，根际土壤细菌（菌落）数量达到最大，为 40.147×10^5 CFU/g，分别较对照组、第 1 周和第 7 周提高了 216.87%、77.82% 和 46.91%。同样，随着时间的增加，间作黑麦草根际土壤细菌数量有明显上升趋势，且均显著高于对照组（$P < 0.05$）。在第 7 周时，根际土壤细菌数量达到最大为 61.31×10^5 CFU/g，分别较对照组、第 1 周和第 4 周提高了 383.9%、94.96% 和 23.6%。

由图 4.17 可知，间作黑麦草和小白菜在不同收获时间，根际土壤真菌数量存在显著性差异（$P < 0.05$）。随着时间的增加，间作小白菜根际土壤中真菌数量呈先上升后下降的趋势，且均显著高于对照组（$P < 0.05$）。在第 4 周时，根际土壤真菌数量达到最大为 15.247×10^3 CFU/g，分别较对照组、第 1 周和第 7 周提高了 503.36%、128.49% 和 38.4%。同样，随着时间的增加，间作黑麦草根际土壤真菌数量呈显著上升趋势，且均显著高于对照组（$P < 0.05$）。在第 7 周时，根际土壤细菌数量达到最大为 27.483×10^3 CFU/g，分别较对照组、第 1 周和第 4 周提高了 987.57%、131.28% 和 17.63%。

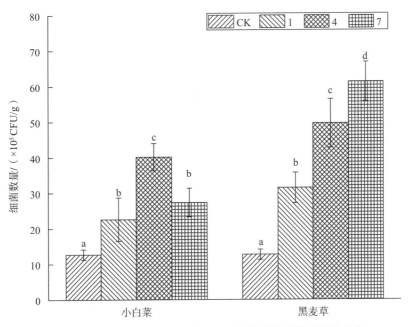

图 4.16　间作黑麦草和小白菜根际土壤细菌数量随时间的变化

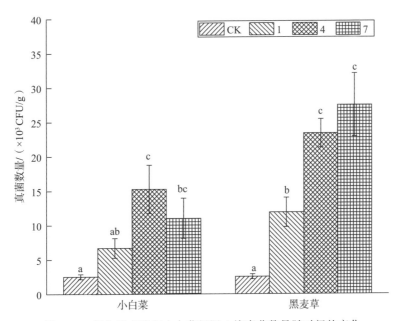

图 4.17　间作黑麦草和小白菜根际土壤真菌数量随时间的变化

由图 4.18 可知，间作黑麦草和小白菜在不同收获时间，根际土壤放线菌数量存在显著性差异（$P < 0.05$）。随着时间的增加，间作小白菜根际土壤中放线菌数量先升高后降低，且均显著高于对照组（$P < 0.05$）。在第 4 周时，放线菌数量达到最大为 28.727×10^4 CFU/g，分别较对照组、第 1 周和第 7 周提高了 301.22%、77.95% 和

56.55%。同样，随着时间的增加，间作黑麦草根际土壤放线菌数量一直升高，且较对照组有明显增加（$P<0.05$）。在第 7 周时，放线菌数量达到最大为 $41.213×10^4$ CFU/g，分别较对照组、第 1 周和第 4 周提高了 475.6%、86.63% 和 24.82%。

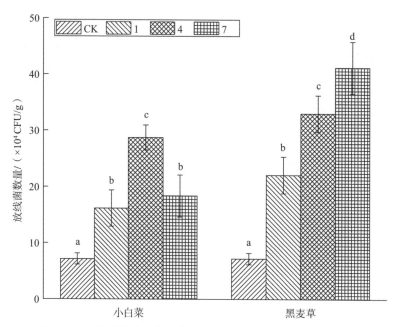

图 4.18　间作黑麦草和小白菜根际土壤放线菌数量随时间的变化

　　总的来说，间作黑麦草和小白菜在不同收获时间，根际土壤微生物数量较对照组有明显增加（$P<0.05$），说明间作模式能够增加根际土壤微生物数量。李娇等[26]研究发现植物根系分泌物为根际土壤微生物提供了生长繁殖所必需的能源，从而提高了根际土壤微生物数量。这与吴彩霞等[27]的研究结果保持一致。由于间作小白菜的生长周期相对较短，影响小白菜根系分泌物的合成与释放，从而影响了间作小白菜根际土壤微生物的数量。相反，间作黑麦草的生长周期相对较长，导致其在收获时间内根系分泌物不断释放，进而为根际土壤微生物提供了源源不断的能源，从而促进根际土壤微生物的生长繁殖。

4.3.6　不同收获时间对根际土壤有机酸含量的影响

　　图 4.19 和图 4.20 分别为间作处理后第 1 周、第 4 周以及第 7 周收获时，间作黑麦草和小白菜根际土壤中有机酸的种类和含量。由图 4.19 可知，间作黑麦草在不同收获时间，根际土壤中不同种类有机酸含量存在显著性差异（$P<0.05$）。在土壤铀胁迫第 1 周、第 4 周和第 7 周时，从根际土壤检测出的 6 种有机酸含量可以看出，草酸、柠檬酸和乙酸为主要的 3 种有机酸。具体来看，3 种有机酸的含量随着收获时间的增加而有明显提升（$P<0.05$），且均显著高于对照组（$P<0.05$）。在第 7 周时，3 种有机酸达

到最大值分别为 43.58 mg/kg、33.797 mg/kg 和 25.25 mg/kg，分别较对照组提高了 436.7%、445.99% 和 385.58%。而在其余 3 种有机酸中，琥珀酸和乳酸也随着收获时间的增加呈显著上升趋势（$P<0.05$）。苹果酸则在不同收获时间趋于稳定，且无显著性差异（$P>0.05$）。

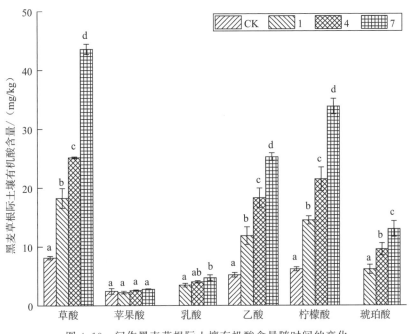

图 4.19　间作黑麦草根际土壤有机酸含量随时间的变化

由图 4.20 可知，间作小白菜在不同收获时间，根际土壤中不同种类有机酸含量存在显著性差异（$P<0.05$）。在土壤铀胁迫的第 1 周、第 4 周以及第 7 周时，从根际土壤检测出的 6 种有机酸含量可以看出，苹果酸、富马酸和乙酸为主要的 3 种有机酸。具体来看，随着收获时间的增加，3 种有机酸的含量均呈先上升后下降的趋势，且除富马酸之外，苹果酸和乙酸的含量较对照均有明显增加（$P<0.05$）。在第 4 周时，3 种有机酸达到最大值分别为 18.6 mg/kg、16.6 mg/kg 和 12.99 mg/kg，除富马酸之外，苹果酸和乙酸分别较对照组提高了 662.3% 和 149.81%。而在其余 3 种有机酸中，乳酸在不同收获时间呈先上升后下降趋势，且存在显著性差异（$P<0.05$）。草酸和柠檬酸则在不同收获时间趋于稳定，但相较于对照组显著降低（$P<0.05$）。

总的来说，本实验中黑麦草和小白菜在间作处理后，根际土壤中有机酸的种类均有所增加，且在不同收获时间下，分别在间作黑麦草和小白菜根际土壤中占有主导地位的 6 种有机酸含量均显著高于对照组（$P<0.05$），说明间作模式能增加根际土壤中有机酸的种类和含量。同时，间作黑麦草根际土壤中 3 种占主导地位的有机酸含量在不同收获时间呈显著上升趋势（$P<0.05$），而间作小白菜根际土壤中 3 种占主导地位的有机酸含量在不同收获时间呈先上升后下降趋势。这可能是由于根际土壤中有机酸的积累受

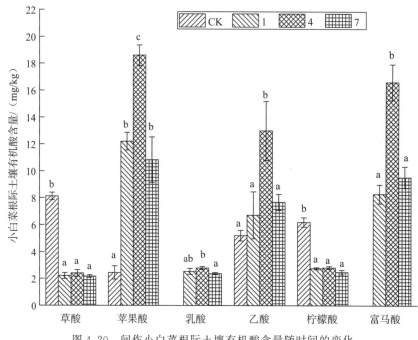

图4.20 间作小白菜根际土壤有机酸含量随时间的变化

植物基因遗产特性、外界环境干扰以及种植模式等因素影响所致。田中民等[27]研究表明：植物根系向根际土壤中分泌有机酸具有主动选择性，且还受土壤理化性质的影响。而间作小白菜根际土壤中草酸和柠檬酸在不同收获时间均显著低于对照组（$P < 0.05$），这可能是小白菜长期生存在含铀的环境中致使其中毒，进而影响了小白菜根系的生命活动，从而导致根系减少了对草酸和柠檬酸的释放。

4.4 黑麦草和小白菜间作对铀污染土壤修复作用的机理分析

4.4.1 样品的扫描电镜分析结果

1. 不同种植模式根际土壤样品的扫描电镜（SEM）分析

由图4.21可知，扫描电镜图（a）和图（d）分别为高、低浓度土壤铀胁迫下对照组中根际土壤，可以看出其表面形貌十分复杂，颗粒的外形和大小有明显差异。扫描电镜图（b）、（c）、（e）、（f）分别为高、低浓度土壤铀胁迫下，单作和间作处理中根际土壤，可以看出无论是单作还是间作，土壤表面均存在很多细小碎屑，这可能是UO_2^{2+}在土壤表面发生了富集效应，导致土壤表面产生大量的细小吸附位点。土壤有机质既可以与游离在土壤表面的UO_2^{2+}结合形成络合物并覆盖在吸附位点上；同时还可以与土壤中的有机质结合态铀结合形成络合物并从土壤中脱离出来形成细小碎屑。根据能谱图可以看出，（a）、（b）、（c）、（d）、（e）、（f）6个根际土壤样品中铀的百分比分别为0、4.3％、2.4％、0、2.79％和1.12％。

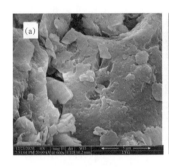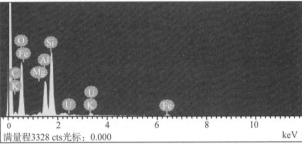

（a）高浓度根际土样对照组

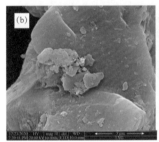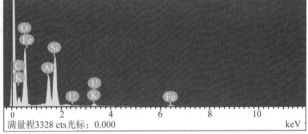

（b）高浓度单作根际土样

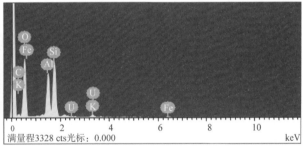

（c）高浓度间作根际土样

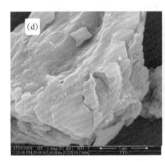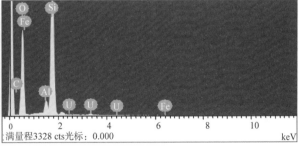

（d）低浓度根际土样对照组

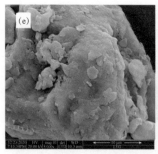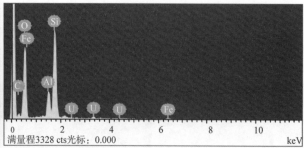

（e）低浓度单作根际土样

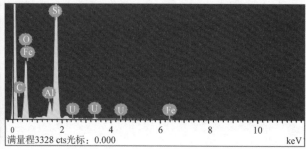

（f）低浓度间作根际土样

图 4.21　不同种植模式根际土壤样品的扫描电镜图

2. 不同种植模式植物样品的扫描电镜分析

由图 4.22 可知，扫描电镜图（g）、（h）、（i）、（j）分别为高、低浓度土壤铀胁迫下，单作和间作处理中的黑麦草灰样，可以看出无论是单作还是间作，黑麦草灰样的表面形貌均积累了大量形状不规则且尺寸大小不一的颗粒状碎屑。依据能谱图可以看出，（g）、（h）、（i）、（j）4 个黑麦草灰样中铀含量占总元素含量的百分比分别为 2.4％、4.8％、2.11％和 4.2％。说明与单作相比，间作处理下黑麦草灰样中铀含量有明显提高。

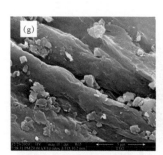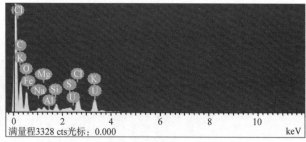

（g）高浓度单作黑麦草灰样

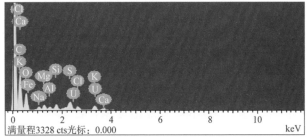

（h）高浓度间作黑麦草灰样

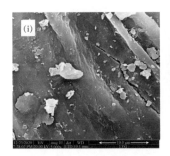
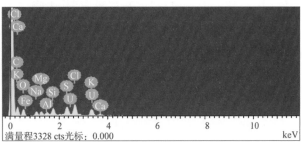

（i）低浓度单作黑麦草灰样

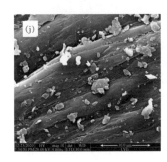
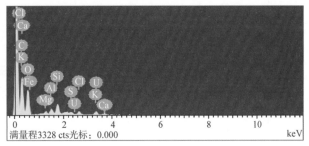

（j）低浓度间作黑麦草灰样

图 4.22 不同种植模式黑麦草灰样的扫描电镜图

4.4.2 样品的红外光谱分析结果

不同种植模式根际土壤样品的红外光谱分析

本研究通过选用 KBr 压片法在 $4000 \sim 400 \ \mathrm{cm}^{-1}$ 波数范围内对不同种植模式下，根际土壤使用红外光谱仪进行分析。图 4.23 为对照组根际土壤（a）、单作根际土壤（b）和间作根际土壤（c）的红外光谱图。对比（a）、（b）、（c）红外光谱曲线可以看出，各处理组之间谱峰均出现了差异。具体来看，单作处理组（b）相较于对照组（a），其根际土壤中—OH 基团、N—H 基团的振动峰分别由波数 3 696.15 cm^{-1}、3 618.86 cm^{-1} 转移至波数 3 695.88 cm^{-1}、3 618.65 cm^{-1}；Si—O 基团、C—N 基团、C—O 基团振动峰以及 C—H 基团卷曲振动峰均由波数 1 088.68 cm^{-1} 转移至波数 1 079.25 cm^{-1}；U—O 基团的振动峰由波数 1 054.25 cm^{-1} 转移至波数 1 043.36 cm^{-1}；798.03 cm^{-1} 为 Si—C 基团的波数，卤代物 C—X 波数在 700～500 cm^{-1} 范围内。而间作处理组（c）相较于对照组（a），其根际土壤中—OH 基团、N—H 基团伸缩振动峰分别由波数 3 696.15 cm^{-1}、3 618.86 cm^{-1} 转移至波数 3 697.29 cm^{-1}、3 620.29 cm^{-1}；Si—O 基团、C—N 基团、C—O 基团的振动峰以及 C—N 卷曲振动峰均由波数 1 088.68 cm^{-1} 转移至波数 1 077.77 cm^{-1}；U—O 基团伸缩振动峰由波数 1 054.25 cm^{-1} 转移至波数 1 034.65 cm^{-1}；Si—C 基团的波数为 797.95 cm^{-1}，卤代物 C—X 波数同样在 700～500 cm^{-1} 范围内。

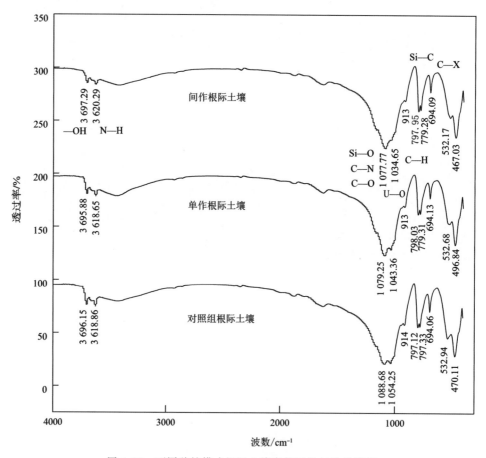

图 4.23　不同种植模式根际土壤官能团的红外光谱图

综合来说，间作处理组（c）与对照组（a）和单作处理组（b）相比，其根际土壤中官能团除 Si—C 和卤代物 C—X 之外，其余官能团的振动强度均有所下降且峰形更为平稳。—OH 基团的振动峰强度变化可能与醇、酚或羧酸基团有关；C—H 基团的振动峰强度变化可能是含碳化合物与游离的 H$^+$ 结合所致。C—N 基团、C—O 基团和 C—H 基团振动峰强度的减弱，导致根际土壤中的负电荷有所降低，进而根际土壤对铀酰离子的富集能力有所下降，从而提高植物对根际土壤铀的富集累积。同时 U—O 基团也随之减少，这表明间作模式对铀污染土壤具有较好的修复作用。

4.4.3　间作模式对铀污染土壤修复影响因素的相关性分析

1. 间作植物体内铀含量与根际土壤 pH 和有机质之间的相关性

由表 4.7 可知，黑麦草和小白菜体内铀含量与根际土壤 pH 和有机质均表现为负相关，且相关系数均相对较高。其中，地上部和根部铀含量与根际土壤 pH 在 0.05 水平上显著相关；与根际土壤有机质在 0.01 水平上显著相关，这表明间作黑麦草和小白菜地上部和根部铀含量与根际土壤 pH 和有机质具有较高的相关性。同时，与上文研究结果保持一致：根际土壤 pH 和有机质含量降低活化了根际土壤中惰性态铀并向活性态铀进行转化，从而提高间作植物对铀的吸收积累。

表 4.7　间作植物体内铀含量与根际土壤 pH 和有机质的相关性分析

	地上部铀含量	根部铀含量	pH	有机质
地上部铀含量	1			
根部铀含量	0.987**	1		
pH	−0.856*	−0.873*	1	
有机质	−0.922**	−0.950**	0.827*	1

注：* 在 0.05 水平（双侧）上显著相关；

　　** 在 0.01 水平（双侧）上显著相关。

2. 间作植物体内铀含量与根际土壤微环境之间的相关性

表 4.8 为间作模式下黑麦草和小白菜体内铀含量与根际土壤微环境之间的相关性。分别来看，黑麦草和小白菜体内铀含量与根际土壤酶活性表现为正相关，其中地上部铀含量与过氧化氢酶活性表现为显著正相关（$P<0.05$）；根部铀含量与过氧化氢酶活性表现为极显著正相关（$P<0.01$）；地上部和根部铀含量与脲酶活性均表现为极显著正相关（$P<0.01$）。黑麦草和小白菜地上部和根部铀含量与根际土壤细菌、真菌、放线菌数量表现为极显著正相关（$P<0.01$）。除与苹果酸无相关关系外，黑麦草和小白菜体内铀含量与其余 6 种根际土壤有机酸均表现为正相关。具体来看，地上部铀含量与草酸、乳酸和柠檬酸含量的相关系数相对较低，且无显著关系（$P>0.05$），与乙酸、琥珀

表 4.8 间作植物体内铀含量与根际土壤微环境的相关性分析

	地上部铀含量	根部铀含量	过氧化氢酶活性	脲酶活性	细菌数	真菌数	放线菌数	草酸	苹果酸	乳酸	乙酸	柠檬酸	琥珀酸	富马酸
地上部铀含量	1													
根部铀含量	0.947**	1												
过氧化氢酶活性	0.570**	0.684**	1											
脲酶活性	0.604**	0.661**	0.896**	1										
细菌数	0.652**	0.692**	0.867**	0.936**	1									
真菌数	0.641**	0.678**	0.830**	0.916**	0.907**	1								
放线菌数	0.655**	0.686**	0.849**	0.908**	0.884**	0.884**	1							
草酸	0.323	0.481*	0.877**	0.843**	0.828**	0.833**	0.810**	1						
苹果酸	0.150	−0.004	−0.502**	−0.459	−0.427	−0.501*	−0.366	−0.783**	1					
乳酸	0.327	0.427	0.837**	0.810**	0.830**	0.851**	0.823**	0.954**	−0.735**	1				
乙酸	0.571*	0.656**	0.960**	0.930**	0.911**	0.892**	0.915**	0.909**	−0.528*	0.896**	1			
柠檬酸	0.325	0.471*	0.876**	0.842**	0.833**	0.842**	0.813**	0.997**	−0.786**	0.964**	0.919**	1		
琥珀酸	0.952**	0.944**	0.839**	0.899**	0.887**	0.945**	0.953**	0.936**	0.891**	0.865**	0.915**	0.932**	1	
富马酸	0.706**	0.606	0.791**	0.917**	0.852**	0.682**	0.896**	0.453	0.930**	0.677**	0.903**	0.401	—	1

注：＊在 0.05 水平（双侧）上显著相关；

＊＊在 0.01 水平（双侧）上显著相关。

酸和富马酸含量的相关系数相对较高，且与乙酸和富马酸含量在 0.05 水平上显著相关，与琥珀酸含量在 0.01 水平上显著相关；根部铀含量与草酸、柠檬酸含量在 0.05 水平上显著相关，与乙酸、琥珀酸含量在 0.01 水平上显著相关，而与乳酸、富马酸含量相关性不显著（$P > 0.05$）。综合来看，间作模式下黑麦草和小白菜体内铀含量与根际土壤微环境之间具有较高的相关性。

间作模式下根际土壤微环境各指标之间也存在相关关系。分别来看，根际土壤酶活性与根际土壤微生物数量均表现为极显著正相关（$P < 0.01$），且相关系数均相对较高；除与苹果酸表现为负相关外，根际土壤中酶活性和微生物数量均与其余 6 种根际土壤有机酸含量表现为极显著正相关（$P < 0.01$），且相关系数均相对较高。综合来看，间作模式下根际土壤微环境各指标之间具有较高的相关性。同时，与上文研究结果保持一致：间作模式既可以增强根际土壤酶活性，也可以增加根际土壤微生物数量，同时还可以提高根际土壤有机酸的种类和含量。

4.4.4 间作模式对铀污染土壤修复前后各形态铀影响分析

1. 间作处理前，根际土壤不同形态铀主成分分析

表 4.9 和表 4.10 为间作处理前，根际土壤中不同形态铀的主成分分析。图 4.24 为间作处理前主成分分析旋转空间成分图。由表可知，前两项主成分累积贡献率达到 99.887%，大于 85%，为间作处理前根际土壤铀的主要存在形态。分别来看，残渣态铀在第一成分因子中负荷系数最大，说明残渣态铀含量的变化影响根际土壤总铀的含量；无定型 Fe-Mn 氧化物结合态铀在第二成分因子中负荷系数最大，说明无定型 Fe-Mn 氧化物结合态铀含量的变化同样影响根际土壤总铀的含量。综合来看，根际土壤中各形态铀对总铀的贡献由大到小依次为：残渣态＞无定型 Fe-Mn 氧化物结合态＞可交换态＞晶质型 Fe-Mn 氧化物结合态＞碳酸盐结合态＞有机质结合态。

表 4.9 间作处理前土壤各形态铀主成分分析

土壤铀形态	成分		旋转后成分	
	1	2	1	2
可交换态	0.967	0.254	0.921	0.387
碳酸盐结合态	0.175	0.983	0.035	0.998
有机质结合态	−0.142	−0.989	−0.002	−0.999
无定型 Fe-Mn 氧化物结合态	−0.981	0.189	−0.998	0.049

续表

土壤铀形态	成分		旋转后成分	
	1	2	1	2
晶质型 Fe-Mn 氧化物结合态	0.959	−0.284	0.989	−0.147
残渣态	0.995	−0.100	0.999	0.041

表 4.10 间作处理前土壤各形态铀主成分

主成分	土壤铀形态	特征值	贡献率/%	累积贡献率/%
1	残渣态	3.857	64.291	64.291
2	无定型 Fe-Mn 氧化物结合态	2.136	35.596	99.887

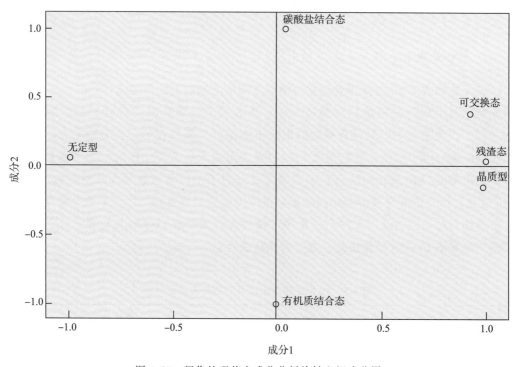

图 4.24 间作处理前主成分分析旋转空间成分图

2. 间作处理后，根际土壤不同形态铀主成分分析

表 4.11 和表 4.12 为间作处理后，根际土壤中不同形态铀的主成分分析。图 4.25 为间作处理后主成分分析旋转空间成分图。由表可知，前两项主成分累积贡献率达到 100%，大于 85%，为间作处理后根际土壤铀的主要存在形态。分别来看，可交换态铀

在第一成分因子中负荷系数最大，说明可交换铀含量的变化影响根际土壤中总铀的含量；无定型 Fe-Mn 氧化物结合态铀在第二成分因子中负荷系数最大，说明无定型 Fe-Mn 氧化物结合态铀含量的变化同样影响根际土壤中总铀的含量。综合来看，根际土壤中各形态铀对总铀的贡献从大到下依次为：可交换态＞无定型 Fe-Mn 氧化物结合态＞晶质型 Fe-Mn 氧化物结合态＞碳酸盐结合态＞有机质结合态＞残渣态。

经过间作处理后，根际土壤中各形态铀的占比均发生了改变，由间作处理前残渣态铀和无定型 Fe-Mn 氧化物结合态铀影响根际土壤中总铀，变为可交换态铀和无定型 Fe-Mn 氧化物结合态铀影响根际土壤中总铀，说明黑麦草和小白菜间作促进根际土壤中惰性态铀向活性态铀转化，提高间作植物对土壤铀的富集效率。

表 4.11　间作处理后土壤各形态铀主成分分析

土壤铀形态	成分		旋转后成分	
	1	2	1	2
可交换态	0.999	—	0.744	0.668
碳酸盐结合态	−0.820	—	—	−0.962
有机质结合态	0.804	—	0.999	—
无定型 Fe-Mn 氧化物结合态	0.966	—	0.911	—
晶质型 Fe-Mn 氧化物结合态	0.957	—	0.925	—
残渣态	0.772	−0.635	—	0.981

表 4.12　间作处理后土壤各形态铀主成分

主成分	土壤铀形态	特征值	贡献率/%	累积贡献率/%
1	可交换态	4.762	79.364	79.364
2	无定型 Fe-Mn 氧化物结合态	1.238	20.636	100.00

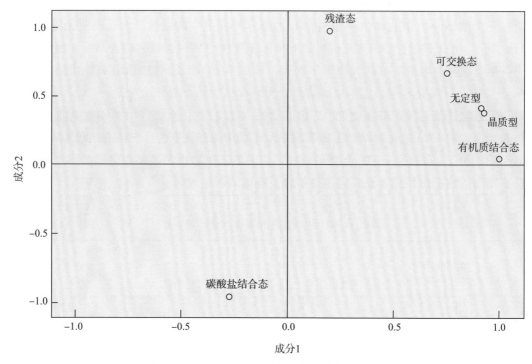

图 4.25　间作处理后主成分分析旋转空间成分图

4.5　本章小结

1. 间作处理对黑麦草和小白菜生长及累积铀的影响

在高、低水平铀污染土壤条件下，间作黑麦草和小白菜地上部生物量较单作提高了 20.18%～58.29%，根部生物量较单作提高了 18.22%～107.83%，说明间作模式促进黑麦草和小白菜的生长；地上部铀含量较单作提高了 16.83%～42%，根部铀含量较单作提高了 19.35%～37.32%，说明间作模式促进黑麦草和小白菜富集积累铀。

2. 黑麦草和小白菜间作对铀累积的动态特征

在植物生长的不同阶段采样，研究发现，间作模式下黑麦草和小白菜的地上部生物量均在接近收获期的第 7 周和第 6 周达到最大值，分别为 562.577 mg/盆和 344.507 mg/盆；在生长的中后期，黑麦草和小白菜的地上部和根部铀累积量也达到最大值，分别为 142.969 g/盆和 65.727 g/盆；间作模式下黑麦草和小白菜根际土壤铀含量在不同收获时间存在显著性差异，在生长期的前 4 周，根际土壤铀含量下降速度缓慢，从第 5 周开始，根际土壤铀含量呈显著下降趋势，在接近收获期降至 124.5 mg/kg 和

145.167 mg/kg，较生长初期降低了40%左右。

3. 土壤性质对黑麦草和小白菜间作模式下铀累积的影响

在高、低水平铀污染土壤条件下，与对照组相比，间作模式对黑麦草和小白菜根际土壤 pH、有机质以及土壤微环境中酶活性、微生物数量、有机酸种类和含量均有一定的影响，结果表明，间作模式下根际土壤 pH 显著降低，根际土壤中过氧化氢酶活性和脲酶活性较对照组提高达3～4倍，细菌数量、真菌数量和放线菌数量较对照组也有显著提高；黑麦草和小白菜在间作模式下，根际土壤中有机酸的种类均多于其他处理组；间作黑麦草和小白菜地上部和根部铀含量与根际土壤微环境中主要指标之间均呈正相关关系。

4. 黑麦草和小白菜间作对铀累积的作用机制分析

扫描电镜分析可知，间作模式下植物表面和根际土壤表面吸附位点增加，由能谱图可以看出，间作模式下根际土壤铀含量占总元素含量的百分比为2.4%和1.12%，均低于单作，而植物灰样中铀含量均高于单作；根际土壤红外光谱分析可知，间作处理后，根际土壤中大部分官能团的振动强度有所下降，且峰形更为平稳；根际土壤不同形态铀主成分分析表明，间作模式下，根际土壤中惰性态铀向活性态铀转化明显，促进黑麦草和小白菜对铀的吸收积累。

参考文献：

[1] Herrera E F. Study of radioactive contamination in silts and aerosols at Aldama City，Mexico due to the operation of a Yellow-Cake processing plant [J]. Journal of the Air & Waste Management Association，2015，65（8）：895-902.

[2] Papp Z，Dezso Z，Daróczy S. Significant radioactive contamination of soil around a coal-fired thermal power plant [J]. J Environ Radioact，2002，59（2）：191-205.

[3] 钱宝，刘凌，肖潇. 土壤有机质测定方法对比分析 [J]. 河海大学学报（自然科学版），2011，39（1）：34-38.

[4] 魏娜. 两种土壤碱解氮测定方法比较 [J]. 西藏农业科技，2014，36（1）：30-34.

[5] 邢晓丽，岳志红，陈瑞鸽，等. 土壤有效磷测定方法及注意事项 [J]. 河南农业，2011（4）：50-51.

[6] 崔志军. 土壤速效钾测定条件比较 [J]. 甘肃农业科技，1996（1）：27-28.

[7] 张磊，吕光辉，蒋腊梅，等. 四种荒漠植物生物量分配对土壤因子的响应及异速生长分析 [J]. 广西植物，2019（9）.

[8] 周秀丽. 某铀矿区土壤放射性核素铀形态分布特征及其生物有效性研究 [D]. 东华

理工大学，2016.

[9] 杨兰芳，曾巧，李海波，等. 紫外分光光度法测定土壤过氧化氢酶活性 [J]. 土壤通报，2011，42（1）：207-210.

[10] 孙曦. 离子液体 [C8mim] BF_4 和 [C8mim] NO_3 对土壤微生物群落多样性的影响 [D]. 山东农业大学，2017.

[11] 刘亚洁，李文娟. 环境微生物学实验教程 [M]. 北京：中国原子能出版社，2013.

[12] 秦丽. 间作系统中续断菊与作物 Cd、Pb 累积特征和根系分泌低分子有机酸机理 [D]. 云南农业大学，2017.

[13] 徐年，詹林川，刘娜，等. 间作黑麦草—酸模对油菜生长及镉富集的影响 [J]. 惠州学院学报，2019，39（3）：44-48.

[14] S，Mishra，et al. Phytochelatin synthesis andresponse of antioxidants during cadmium stress in Bacopamonnieri L [J]. 2006，44（1）：25-37.

[15] 王帅，黄德娟，黄德超，等. 蕹菜对铀的富集特征及其形态分析 [J]. 江苏农业科学，2016，44（8）：266-268.

[16] 刘海军，陈源泉，隋鹏，等. 马唐与玉米间作对镉的富集效果研究初探 [J]. 中国农学通报，2009，25（15）：206-210.

[17] Heath R L，Packer L. Photoperoxidation in isolated chloroplasts：I. Kinetics and stoichiometry of fatty acid peroxidation [J]. 125（1）：189-198.

[18] 徐国聪，唐运来，陈梅，等. 铀对菠菜叶片光合作用影响的研究 [J]. 西北植物学报，2016，36（2）：370-376.

[19] 宋照亮，朱兆洲，杨成. 乌江流域石灰土中铀等元素形态与铀活性 [J]. 长江流域资源与环境，2009，18（5）：471-476.

[20] Guo P R，Duan T C，Song X J，et al. Evaluation of a sequential extraction for the speciation of thorium in soils from Baotou area，Inner Mongolia [J]. Talanta，2007，71（2）：778-783.

[21] Martínez-Aguirre A，Garcia-León M，Ivanovich M. U and Th speciation in river sediments [J]. Science of the Total Environment，1995，s 173-174（1-6）：203-209.

[22] 刘领. 种间根际相互作用下植物对土壤重金属污染的响应特征及其机理研究 [D]. 浙江大学，2011.

[23] Park J H，Lamb D，Paneerselvam P，et al. Role of organic amendments on enhanced bioremediation of heavy metal (loid) contaminated soils [J]. Journal of Hazardous Materials，2011，185（2-3）：549-574.

[24] Clark G J，Dodgshun N，Sale P W G，et al. Changes in chemical and biological properties of a sodic clay subsoil with addition of organic amendments [J]. Soil Biology and Biochemistry，2007，39（11）：2806-2817.

［25］李娇，蒋先敏，尹华军，等. 不同林龄云杉人工林的根系分泌物与土壤微生物［J］. 应用生态学报，2014，25（2）：325-332.

［26］吴彩霞，傅华. 根系分泌物的作用及影响因素［J］. 草业科学，2009，26（9）：24-29.

［27］田中民，李春俭，王晨，等. 缺磷白羽扇豆排根与非排根区根尖分泌有机酸的比较［J］. 植物生理学报，2000（4）：317-322.

第 5 章

丛枝菌根真菌－黑麦草对铀污染土壤的联合修复技术

丛枝菌根是高等植物与土壤 AM 真菌形成的共生体。在所有自然界植物中，超过 85％的植物能与 AM 真菌形成丛枝菌根真菌。菌根修复技术可以克服单一微生物或植物难以适应复杂污染土壤环境的不足，综合利用微生物、植物、土壤中的菌根真菌及其相互作用的根际和菌丝体环境能有效降解土壤中的污染物。例如，在重金属（如锌和镉）污染的情况下，AM 真菌能够通过菌丝对重金属的强固持作用[1]、菌根际 pH 变化[2]等机制，增强根系对重金属的封闭作用，从而减少重金属向上部迁移，降低植物重金属毒性[3-4]。而黑麦草因其生物量大、分布广、易于生存而被广泛应用于植物恢复。已有研究表明[5-6]，黑麦草能够在一定程度上减轻 Cd、Cu、As 等重金对土壤造成的污染。廉欢等[7]的研究结果表明，这种植物可以促进铀的积累。但目前，应用植物和微生物联合修复作用的研究还很局限，本研究中，以黑麦草为代表植物，优势菌种 Gi 为供试 AM 真菌，研究黑麦草与 AM 真菌的联合修复效果，以期为铀污染土壤的生物修复技术实践奠定基础。

5.1 实验材料与方法

5.1.1 实验材料

1. 优势植物与根际优势 AM 真菌的筛选

供试植株：黑麦草；三叶草。

供试菌剂：幼套球囊霉（*Glomus etunicatum*，Ge）与根内球囊霉（*Glomus intraradice*，Gi）。

供试基质：灭菌农田土壤（某铀尾矿坝下游稻田土壤）加入尿素和磷酸二氢钾作为底肥，使用量分别是 0.46 g/kg 和 0.42 g/kg，混匀待用。

2. AM－黑麦草联合修复铀污染土壤的作用

供试植物：黑麦草。

供试菌剂：根内球囊霉（Glomus intraradice，Gi）。

供试基质：灭菌农田土壤（某铀尾矿坝下游稻田土壤），以尿素和磷酸二氢钾作为底肥，标准为 0.46 g/kg 和 0.42 g/kg，混合均匀。喷洒铀溶液呈 4 个梯度（A：18.74 mg/kg、B：52.15 mg/kg、C：112.40 mg/kg、D：202.40 mg/kg）。

5.1.2　主要仪器设备

（1）MLS-3750 型高压灭菌锅（日本三洋公司）；

（2）DHG-9030A 型加热恒温鼓风干燥箱（上海精宏实验设备有限公司）；

（3）AR224CN 型分析天平（奥豪斯仪器有限公司）；

（4）TGL-16C 型高速冷冻离心机（上海安亭科学仪器厂）；

（5）DK-S22 型电热恒温水浴锅（上海一恒科技有限公司）；

（6）XS-213 型显微镜（日本 OLYMPUS 公司）；

（7）RXZ-260B 型智能人工气候箱（宁波江南仪器厂）。

5.1.3　实验试剂

1. 优势植物与根际优势 AM 真菌的筛选

实验用水为超纯水，实验试剂均为分析纯，主要有硫酸、硫酸亚铁、邻啡啰琳、硼酸、碳酸氢钠、二硝基酚、醋酸、盐酸、乳酸、甘油等。

2. AM－黑麦草联合修复铀污染土壤的作用

实验用水为超纯水，实验试剂均为分析纯，主要有硝酸、乙酸、甲醇、乙酸乙酯、乙二胺四乙酸二钠、钼酸铵、亚硝酸钠、硝酸铝、柠檬酸、柠檬酸钠、磷酸二氢铵、硝酸钾、氯化镁等。

5.1.4　实验设计

1. 优势植物与根际优势 AM 真菌的筛选

实验分为土壤消毒、种子消毒、实验分组、采样与前处理 4 步。如表5.1所示。

表 5.1 实验 1 步骤表

步骤	过程
土壤消毒	将农田土壤过 1 mm 筛后在 121 ℃高压灭菌锅中灭菌 1.5 h,分装到花盆中,花盆用 70％酒精消毒。每盆装土壤 2.0 kg。
种子消毒	将黑麦草与三叶草种子($10％\ H_2O_2$ 表面消毒 15 min 后无菌水漂洗干净)栽到花盆内,保持土壤湿润。
实验分组	分 6 个处理组每组 5 盆:① 黑麦草;② 黑麦草+Ge;③ 黑麦草+Gi;④ 三叶草;⑤ 三叶草+Ge;⑥ 三叶草+Gi。其中,接种处理组每盆接种种子 2 g,菌剂 20 g,对应空白对照加入 20 g 已灭菌基质。
采样与前处理	植物生长 40 d 后进行样品采集。将每盆植物及根系附近土壤同时取出,针对根部落下部分标记成根际土壤,同时需要防止阳光直射,通过自然风干、研磨、过 1 mm 筛,留以备用

2. AM—黑麦草联合修复铀污染土壤的作用

实验分为土壤消毒、种子消毒、实验分组、采样与前处理 4 步。具体过程见表 5.2。

表 5.2 实验 2 步骤表

步骤	过程
土壤消毒	将 4 个铀浓度梯度农田土壤过 1 mm 筛后在 121 ℃灭菌锅中灭菌 1 h,分装到花盆中,花盆用 84 消毒液消毒。每盆装土壤 2.0 kg。
种子消毒	将黑麦草种子(用 $10％\ H_2O_2$ 表面消毒 10 min,无菌水洗净)栽到花盆内,保持土壤湿润。
实验分组	分 8 个处理组:① 黑麦草 4 组 4 个梯度(ABCD),每组 5 盆,每盆装供试土壤 2.0 kg 加灭菌菌剂 20 g;② 黑麦草+Gi 4 组 4 个梯度(ABCD),每组 5 盆,每盆装供试土壤 2.0 kg 加菌剂 20 g。
采样与前处理	黑麦草生长 40 d 后进行样品采集。将每盆植物连同根系和附近土壤全部拔出,收集附着在根部上的土壤作为样本备用,在防止阳光直晒的条件下风干、制成粉、过 1 mm 筛

5.1.5　实验方法

1. 土壤理化性质的测定

土壤理化性质测定方法如表 5.3 所示。

表 5.3　土壤理化性质测定方法

项目	测定方法
土壤 pH	电位法[8]
土壤有机质	重铬酸钾比色法[9]
土壤碱解氮	碱解蒸馏法[10]
土壤有效磷	碳酸氢钠－钼锑抗分光光度法[11]
土壤速效钾	醋酸铵浸提－火焰光度法[12]
土壤总铀	ICP-OES

实验选用某铀尾矿坝下游农田土壤，土壤理化性质如表 5.4 所示。

表 5.4　土壤理化性质

pH	有机质/ (g/kg)	碱解氮/ (mg/kg)	有效磷/ (mg/kg)	速效钾/ (mg/kg)	铀含量/ (mg/kg)
6.32	38.456	112.867	35.526	105.642	6.72

2. 生物量的测定

采用张磊等[13]使用的挖掘法获取植株生物量。取出植物样品先用蒸馏水洗净，再用去离子水冲洗 2~3 次，自然晾干后，分为地上部分与地下部分两部分。分别放在恒温烘箱内 65 ℃条件下处理到恒重，准确测量干重。研磨过 2 mm 筛留以备用。

3. 菌根侵染率测定

本实验菌根侵染率测定使用醋酸墨水染色法，显微镜观察计算侵染率，即菌根侵染根段数/检查根段总数×100%。具体步骤见表 5.5。菌根侵染照片见图 5.1。

表 5.5　侵染率测定步骤

步骤	过程
透明	称取 1.0 g 根段，置于 100 mL 聚乙烯烧杯中，倒入浓度 20% KOH 50 mL，于 60 ℃ 水浴处理 30 min。
酸化	用自来水冲洗 5 min，再加入浓度 5% 乙酸 50 mL 酸化 5 min。
染色	烧杯中加入浓度 5% 醋酸墨水染色液（5% 冰醋酸：蓝黑色英雄牌墨水＝19∶1）50 mL，于 60 ℃下水浴，染色 30 min。
脱色	取出根段使用去离子水浸泡，脱色 90 min。
复染	烧杯中加入苏丹Ⅳ染色液（苏丹Ⅳ 3 g，浓度 70% 乙醇 1000 mL）50 mL，60℃ 水浴染色 60 min，取出根段用去离子水冲洗后使用浓度 70% 乙醇脱色 5 min。
制片与显微观察	取脱色根段置于载破片上，加入适量封固剂（明胶 10 g，百草枯 0.25 g，蒸馏水 60 mL，甘油 70 mL），盖上盖破片，用体视显微镜观察拍照

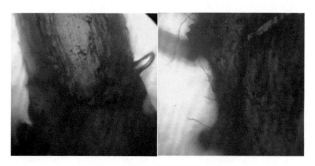

图 5.1　菌根染色显微镜观察图

4. 菌丝密度测定

菌丝密度测定使用乳酸—曲利苯蓝（trypan blue）染色，采用交叉划线法在显微镜下计算。具体步骤如下：取根际风干土样 2 g 置于 500 mL 烧杯内，添加 200 mL 蒸馏水悬浮（不少于 8 h），再过 300 μm 筛子，将筛面残留物置于 50 mL 离心管内，由振荡器振荡 50 s 后在实验台上静置 2 min，取管内上清液 10 mL，过 0.45 μm 微孔滤膜，把滤纸安置在载波片上，等待干燥，以浓度 0.05% 乳酸—trypan blue 染色 5 min，最终用蒸馏水洗净，通过 200 倍光学显微镜进行观测，同时以交叉划线法确定菌丝长度。

5. 根际土壤球囊霉素测定

通过 Bradford 法检测总球囊霉素含量（Total glomalin，TG）。提取流程[14]为：取制得沉淀物样品 1.0 g，添加 pH：8.0、浓度 50 mmol/L 柠檬酸钠提取剂 8 mL，充分混匀。于高温灭菌锅 121 ℃ 条件下提取 60 min，再由 4000 r/min 条件下离心 20 min，去掉上层清液，继续添加等量柠檬酸钠高温提取 60 min，同样条件下离心去掉上层清液，反复执行上述过程，直至上清液没有继续出现球囊霉素红棕色。这种情况下，以浓度 0.1 mol/L 盐酸滴定，让 pH 降至 2.1，同时让球囊霉素有关的土壤蛋白沉淀，放在冰上 60 min，4000 r/min 条件下离心 20 min，去掉上层清液。离心管底球囊霉素由浓度 0.1mol/L 的 NaOH 溶液再次溶解，4000 r/min 条件下离心 20 min，最后把上清液稀释，保证处于可测区间。

经归纳整理，下面介绍详细步骤：首先取 0.5 mL 标准溶液置于 10 mL 离心管内，添加考马斯亮（CoomassiePlus（Bradford）Assay Reagent Thermo Scientific）5 mL 充分混匀，其次测定其在 595 nm 条件下的吸光度。标准物选择 BSA，绘出标准曲线，利用比色法求得样品内球囊霉素含量。

标椎曲线：将 BSA 浓度梯度依次设定成 0、0.02、0.04、0.06、0.08、0.1 mg/kg 是横坐标，吸光度（Abs）为纵坐标作图，得到图 5.2 牛血清蛋白（BSA）标准曲线的线性回归方程是：$y = 0.597\,14x + 0.003\,12$，$R^2 = 0.989\,2$。

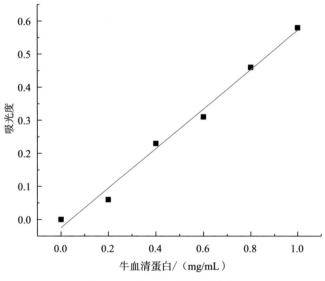

图 5.2　牛血清蛋白标准曲线

6. 植物过氧化物酶测定

称取样品 0.2 g，加浓度 20 mmol/L KH_2PO_4 溶液 5 mL 于研钵中研磨成匀浆，在 4000 r/min 下离心 15 min，取上清，底层沉积物再用 5 mL KH_2PO_4 溶液提取 1 次，合并上清液，即为酶提取液。取其 1 mL 加入比色杯内，加入 50 mL 100 mmoL/L pH 为 6.0 的磷酸缓冲液，随后加入 28 μL 的愈创木酚和 19 μL 的 30% H_2O_2，充分摇匀置于冰箱，备用，马上以秒表计时。基于 470 nm 波长条件检测 OD 值，每隔 1 min 读数 1 次，酶活性以用每 min 内 A470 变化 0.01 为 1 个过氧化物酶活性单位（U）表示，即

以 U/(g·min) 表示。

7. 球囊霉素螯合铀的测定

具体的测定流程为[15]：将样品过 2 mm 筛，然后从中取 0.5 g，添加 4 mL 浓度 20 mmol/L 的柠檬酸三钠缓冲液，经高压蒸汽灭菌 30 min。在 8000 r/min 转速下离心 10 min，收集上清液，往沉淀物中倒入 4 mL 柠檬酸三钠缓冲液，重新离心处理。将两次离心得到的上清液混合起来。在提取液中滴加适量 HCl 溶液，直至混合液 pH 达到 2.5，此时能够观察到沉淀物，也就是球囊霉素蛋白。缓慢摇晃，通过天平配平后，在 5000 r/min 转速下离心 2 min，弃掉上清液，把残留的沉淀物放置在 60 ℃ 烘箱中，直至恒重。在盛有沉淀物的 10 mL 离心管里面添加 1 mL 浓度 100 mmol/L 的硼酸钠溶液 (pH：9.0)，无固体残留，把混合液倒入 2 mL 离心管中，整体放置在 60 ℃ 温度环境下，直至水分彻底蒸发完。称量球囊霉素，经过硝酸硝化处理后，利用 ICP-OES 测球囊霉素中铀的含量。

5.2 优势植物与根际优势 AM 真菌的筛选

黑麦草和三叶草对逆境环境耐受性强[16]且均易被 AM 真菌侵染形成菌根共生体，并通过共生促进植物吸收营养元素，提高其抗逆性。李妍等[17]研究干旱条件三叶草幼苗生长及保护酶活性的变化，结果表明，三叶草具有一定的抗旱能力，轻度干旱环境下，超氧化物歧化酶（SOD）与过氧化物酶（POD）可有效保护三叶草正常生长。曹景勤[18]研究表明，三叶草与 AM 真菌结合对酸碱有较强耐受性。郝希超等[19]通过盆栽实验研究牧草在铀污染土壤中生长及铀富集情况，结果发现在 150 mg/kg 铀胁迫下，多花黑麦草铀富集量最大为每盆 10.36 mg。赵继武等[20]通过黑麦草盆栽土培试验发现，黑麦草对铀具有较好的耐受性和富集能力，且随着生长时间的增加而增加。已有研究发现[21-23]黑麦草与三叶草能与根内球囊霉（Glomus intraradice）、幼套球囊霉（Glomus etunicatum）、透光球囊霉（Glomus diaphanum）等 AM 真菌形成共生体。因此本次实验选用黑麦草和三叶草为供试植物，AM 真菌选择幼套球囊霉（Glomus etunicatum）与根内球囊霉（Glomus intraradice）这两种丛枝菌根真菌，筛选优势植物与优势真菌的组合。

5.2.1 接种不同 AM 真菌对植物生物量的影响

实验结果如表 5.6 所示，结果表明，在室内实验条件下，黑麦草接种 Ge、Gi 组植物总干重为 18.17 g 和 20.37 g，全部超过未接种组（14.60 g），由此可以证明，接种 AM 真菌有利于黑麦草生物量增长；三叶草接种 Ge、Gi 组植物总干重为 13.52 g 和

15.53 g，也高于未接种组 11.29 g，说明接种 AM 真菌促进三叶生物量的增长，但其每组生物量均低于黑麦草组，d、e、f 组的总干重分别是 a、b、c 组的 0.77、0.74、0.76倍，说明同等条件下黑麦草比三叶草累积更多的生物量。接种处理中，不同 AM 真菌对黑麦草生物量的贡献依次为 Gi＞Ge，c 组黑麦草总生物量是 a、b 组的 1.39 和 1.12倍，说明接种 Gi 促进黑麦草生物量的增长效果更显著。a、b、c 组黑麦草地下部分干重依次为 6.66 g、8.87 g、10.11 g，占总干重比分别为 45.6%、48.8%、49.6%，接种 Gi 组黑麦草地下部分的干重最大。从以上可以看出，接种 Gi 显著促进了黑麦草生物量的积累，主要贡献表现在对地下部分生物量的促进。该研究结果与前人研究一致，孙艳梅等[24]选用与苜蓿根系共生的摩西管柄囊霉（Fm）和幼套球囊霉（Ge），测定接菌处理后紫花苜蓿地上生物、株高、茎粗、粗蛋白含量、植株磷含量、主根长、地下生物量和土壤速效磷含量均显著高于未接种组。高文童等[25]发现接种丛枝菌根真菌（AMF）对青杨植株的根干质量、氮含量都有不同程度的提高，根系形态发生改变，说明 AMF 对植株根系生长具有显著促进作用。

表 5.6　接种不同 AM 真菌对植物生物量的影响　　　　　　　　　　g

处理组	总干重	地下部分	地上部分
a	14.60 ± 1.05	6.66 ± 0.65	7.94 ± 0.12
b	18.17 ± 0.68	8.87 ± 0.54	9.30 ± 0.35
c	20.37 ± 0.64	10.11 ± 0.41	10.26 ± 0.34
d	11.29 ± 0.65	4.49 ± 0.32	6.80 ± 0.24
e	13.52 ± 0.34	5.65 ± 0.12	7.87 ± 0.19
f	15.53 ± 1.21	7.16 ± 0.36	8.37 ± 0.51

5.2.2　接种不同 AM 真菌对植物根系侵染率的影响

通过表 5.7 中数据分析可知，未接种组（a、d 组）植物根系无法观测出 AM 真菌结构，接种组（b、c、e、f 组）有着不同程度的侵染。黑麦草接种 Ge、Gi 组根系侵染率依次是 51.04%、59.22%，三叶接种 Ge、Gi，组根系侵染率分别为 46.06%、54.26%。其中，黑麦草组根际侵染率高于三叶组，接种 Gi 处理组侵染率明显高于接种 Ge 组。不难发现，AM 真菌对黑麦草侵染情况最佳，Gi 属于其根际优势 AM 真菌。彭思利等[26]开展实验分析过程中，实验材料选择 3 种 AM 真菌与小麦，结果显示，接种 Gi、Ge 根系侵染率相比，前者远远大于后者。郭绍霞等[27]面向菏泽赵楼牡丹园各个品种根际 AM 真菌侵染率等展开分析与讨论，进而得出相应结论，即同一 AM 真菌面向各个品种根系侵染情况存在明显差异。按照这些研究结果能够证明，同一 AM 真菌面向各个品种植物时，效用方面表现出相应区别，各种 AM 真菌面向同一植物时，侵染能力同样表现出差异，究其原因，可能因为各种 AM 真菌适应环境能力各异，导致在宿主植物选择上有所区别，与本实验结果一致。

表 5.7　接种不同 AM 真菌植物根系侵染率　　　　　　　　　　　　　　　　　　%

处理组	侵染率
a	—
b	51.04 ± 2.8
c	59.22 ± 3.1
d	—
e	46.06 ± 2.5
f	54.26 ± 2.2

5.2.3　接种不同 AM 真菌对根际土壤菌丝密度的影响

从表 5.8 可以看出，未接种处理的植物根际土壤无菌丝（a、d 组）与接种处理的根际土壤菌丝（b、c、e、f 组）密度存在差别。黑麦草接种 Ge、Gi 处理组根际菌丝密度分别为 10.5 m/g、13.8 m/g，三叶草接种 Ge、Gi 处理组根际菌丝密度分别为 6.6 m/g、12.1 m/g。其中，黑麦草组菌丝密度大于三叶草组；接种 Gi、Ge 组根际菌丝密度相比，前者明显超过后者。借此不难发现，Gi 对黑麦草侵染情况最佳，属于其根际优势 AM 真菌。

表 5.8　接种不同 AM 真菌植物根际土壤菌丝密度　　　　　　　　　　　　　　m/g

处理组	菌丝密度
a	—
b	10.5 ± 1.6
c	13.8 ± 0.9
d	—
e	6.6 ± 0.6
f	12.1 ± 1.5

5.2.4　接种不同 AM 真菌对根际土壤球囊霉素的影响

由图 5.3 可知，未接种处理（a、d 组）的植物根际土壤球囊霉素很低，接种处理（b、c、e、f 组）的根际土壤球囊霉素有所不同。黑麦草接种 Ge、Gi 处理组球囊霉素分别为 540 μg/g、775.56 μg/g，三叶草接种 Ge、Gi 处理组球囊霉素分别为 493.33 μg/g、622.22 μg/g。其中，黑麦草组球囊霉素大于三叶草组，接种 Gi 组球囊霉素远远超过 Ge 组。借此不难发现，Gi 对黑麦草侵染情况最佳，属于其根际优势 AM 真菌。

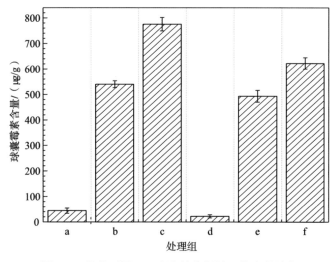

图 5.3　接种不同 AM 真菌植物根际土壤球囊霉素

5.2.5　接种不同 AM 真菌对植物过氧化氢酶活性的影响

逆境胁迫条件下，植物体内活性氧代谢会出现失衡现象，植物体内酶类抗氧化保护系统能够清除过量活性氧，其中过氧化物酶（POD）起着非常重要的作用。彭昌琴[28]采用土培法研究 AM 真菌对不同镉浓度胁迫下韭菜幼苗生理抗性的影响。结果表明：接种 AM 真菌处理时，不同浓度镉胁迫下土壤过氧化物酶（POD）活性都有所增加。

由图 5.4 可知，通过对植物 POD 活性分析，可以看出 6 组中植物 POD 含量有显著的差异性。可以看出黑麦草 3 组（a、b、c 组）POD 活性分别为 2.75 U/(g·min)、3.47 U/(g·min)、3.88 U/(g·min) 明显高于三叶草组（e、f、g 组）的 2.30 U/(g·min)、2.85 U/(g·min)、2.93 U/(g·min)。同时黑麦草接种 Gi 处理组（c 组）POD 活性为 3.88 U/(g·min) 大于 a、b 组。由此可见，黑麦草的过氧化物酶活性较高，接种 Gi 更能提高其过氧化物酶活性使其对逆境有更好的适应力。

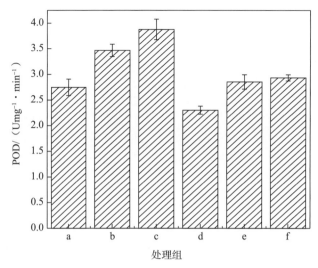

图 5.4　接种不同 AM 真菌植物过氧化物酶活性

5.3　AM－黑麦草联合修复铀污染土壤的作用

5.3.1　接种 Gi 对黑麦草生物量的影响

接种 Gi 对黑麦草生物量的影响，如图 5.5 所示。对该图进行分析得出，黑麦草组 A、B、C、D 四个处理组中地上部分生物量均大于地下部分，其中 A 组最高，地上部分和地下部分生物量分别为 6.26 g 和 9.46 g。各处理组对黑麦草生物量的贡献依次为 A＞B＞C＞D，见图 5.5 (a)；黑麦草＋Gi 处理组（A、B、C、D）中，地上部分生物量也均大于地下部分，其中 A 组最高，地上部分和地下部分生物量分别为 9.46 g、10.29 g。各处理组对黑麦草生物量的贡献依次为 A＞B＞C＞D，见图 5.5 (b)；4 个处理组（A、B、C、D）中，接种 Gi 的黑麦草地上部分生物量均大于未接种的，其中 A 组最高，地上部分生物量为 10.29 g，见图 5.5 (c)；4 个处理组（A、B、C、D）中接种 Gi 的黑麦草地下部分生物量也均大于未接种的，其中 A 组最高，地下部分生物量为 9.46 g，见图 5.5 (d)。从以上可知，接种 Gi 能促进黑麦草生物量的增长。

随着土壤铀浓度升高，黑麦草的生物量急剧下降，这是由于铀的毒害作用使黑麦草生物量减少。而接种 Gi 后黑麦草生物量下降趋势有了明显缓解，说明 Gi 使黑麦草对铀的耐受性增加。4 组黑麦草＋Gi 地下部分生物量分别为 9.46 g、8.19 g、5.9 g 和 3.81 g，较未接种组分别提高了 33.8%、47.1%、48.8% 和 48.3%；A、B、C、D 四组黑麦草＋Gi 地上部分生物量分别为 10.29 g、9.09 g、8.08 g 和 7.10 g，较未接种组分别提高了 8.1%、9.9%、26.9% 和 42.3%；接种 Gi 组冠根比（地上部分与地下部分干重比）

分别为 1.08、1.11、1.36 和 1.86，明显小于未接种组（1.51、1.89、1.95 和 1.93），证明接种丛枝菌根真菌使黑麦草能够更加迅速地生长，尤其是对根部具有促进作用。

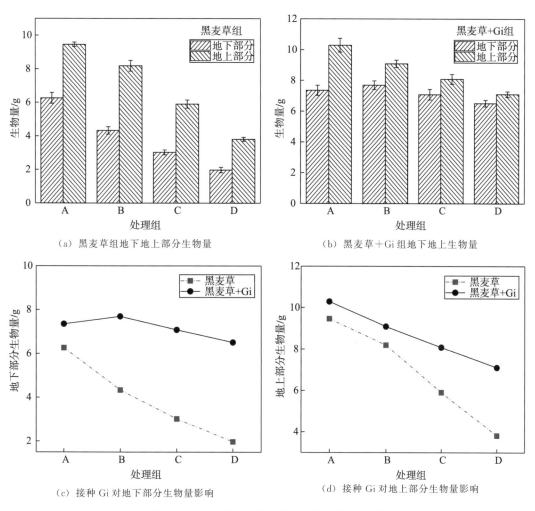

（a）黑麦草组地下地上部分生物量　　　　　　（b）黑麦草＋Gi 组地下地上生物量

（c）接种 Gi 对地下部分生物量影响　　　　　　（d）接种 Gi 对地上部分生物量影响

图 5.5　黑麦草组与黑麦草＋Gi 组生物量变化

5.3.2　接种 Gi 对黑麦草菌根侵染率和菌丝密度的影响

由表 5.9 可知，随着土壤铀浓度升高，丛枝菌根真菌 Gi 对黑麦草根系的侵染率有一定上升。菌根侵染率表现为 D 组（铀：202.4 mg/kg）＞C 组（铀：112.4 mg/kg）＞B 组（铀：52.15 mg/kg）＞A 组（铀：18.74 mg/kg）；同时随着土壤铀浓度升高，丛枝菌根真菌 Gi 对黑麦草根际菌丝密度也有一定上升。根际菌丝密度表现与侵染率基本一致，D 组＞C 组＞B 组＞A 组。这种现象可能是在实验的铀污染浓度范围内，黑麦草为了对抗较高浓度的铀污染，与丛枝菌根真菌 Gi 结合更加紧密，使得 Gi 对其侵染率提高同时根际菌丝密度也上升。

表 5.9　黑麦草菌根侵染率及根际菌丝密度

	处理组	黑麦草＋Gi
侵染率/%	A	54.2 ± 2.4
	B	57.4 ± 3.2
	C	60.4 ± 3.5
	D	62.4 ± 2.8
菌丝密度/(m/g)	A	11.8 ± 1.6
	B	13.4 ± 1.8
	C	14.2 ± 0.7
	D	14.7 ± 1.3

5.3.3　接种 Gi 对黑麦草总铀含量的影响

黑麦草地下部分总铀含量见图 5.6。由图 5.6 可知，黑麦草＋Gi 组（A、B、C、D）4 个处理组地下部分总铀含量分别为 26.2 mg/kg、75.8 mg/kg，182.4 mg/kg，330.3 mg/kg 均大于黑麦草未接种组的 11.7 mg/kg、27.8 mg/kg、73.4 mg/kg、126.8 mg/kg。各处理组对黑麦草地下部分总铀含量的贡献依次为：D＞C＞B＞A；接种 Gi 能促进黑麦草地下部分对铀的吸收，且随着土壤铀浓度的升高吸附的铀含量也越高。

黑麦草地上部分总铀含量见图 5.7。黑麦草＋Gi 处理组（A、B、C、D）地上部分总铀含量分别为 4.5 mg/kg、13.6 mg/kg、19.5 mg/kg、33.2 mg/kg 均大于黑麦草未接种组的 2.2 mg/kg、5.5 mg/kg、12.5 mg/kg、22.6 mg/kg。各处理组对黑麦草地上部分总铀含量的贡献依次为：D＞C＞B＞A；接种 Gi 能促进黑麦草地上部分对铀的吸收，且随着土壤铀浓度的升高吸附的铀含量也越高。

本实验研究结果显示，接种 Gi 的 4 组（A、B、C、D）黑麦草中总铀含量均高于未接种组。说明 AM 真菌 Gi 有促进黑麦草吸收铀的作用。早有研究表明 AM 真菌可以促进植物对铀的吸收，郑文君等[16]采用盆栽土壤实验，模拟铀污染土壤，以蜈蚣草为研究材料，接种丛枝菌根真菌提高植物富集铀的浓度，这和此次实验的结果是相符的。丛枝菌根真菌会使菌根合成并释放更多的物球囊霉素，促进对铀的吸附。

接种 Gi 的 4 组黑麦草地下部分铀含量均显著高于未接种组，而地下部分中铀含量明显低于地上部分。说明 AM 真菌 Gi 促进黑麦草根部摄入更多的铀元素，其中大部分都集中在根部，很少转移到植物的其他部分。Chen[29]通过菌根真菌对铀污染土壤展开温室实验，探讨菌根真菌对植物吸收铀的作用，结果发现两种根真菌均可以促进根部更多的吸收铀。Chen[30]课题组的研究也表明，AM 真菌能够促进根部摄入更多的铀，且根部中铀转移到植物茎叶中的效率大幅降低，因此 AM 真菌对土壤中铀的固定具有正面作用，和此次研究的结论是相符的。

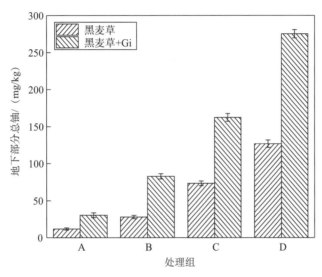

图 5.6　接种 Gi 对黑麦草地下部分总铀的影响

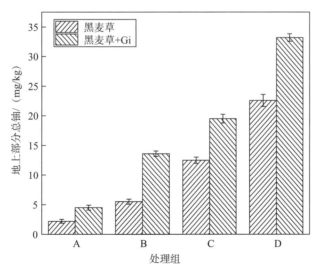

图 5.7　接种 Gi 对黑麦草地上部分总铀的影响

5.3.4　接种 Gi 对黑麦草富集和转移铀的影响

生物富集系数（BCF）代表的是植物地上部分的放射性核素的含量和植物根部放射性核素含量与土壤中放射性核素的含量的比值。转移系数（TF）是植物地上部分的放射性核素的含量与植物根部放射性核素含量的比值。在选择修复铀污染土壤的植物时，所需考量的因素主要是：植物能否抵抗铀的毒性而在铀污染土壤中正常生长以及植物对铀的吸收富集能力。

铀在黑麦草中的富集和转移，见表 5.10。从表 5.10 可知，接种 Gi 组（A、B、C、D）的生物富集系数（BCF）分别为 1.85、1.85、1.62、1.52，显著高于未接种组的 0.74、0.64、0.76、0.74。且 BCF 值都超过了 1，证明黑麦草－Gi 真菌共生体能够有效地修复铀污染土壤。黑麦草的各个部分对铀的 BCF 是不一致的，根部 BFS 大幅超过地上部分的，最高为后者的 10.2 倍。

表 5.10　接种 Gi 对铀富集和转移的影响

处理组		BCF			TF
		总	地下部分	地上部分	地上部分
黑麦草	A	0.74	0.62	0.12	0.19
	B	0.64	0.53	0.11	0.20
	C	0.76	0.65	0.11	0.17
	D	0.74	0.63	0.11	0.18
黑麦草＋Gi	A	1.85	1.61	0.24	0.15
	B	1.85	1.59	0.26	0.16
	C	1.62	1.44	0.17	0.12
	D	1.52	1.36	0.16	0.12

接种 Gi 组（A、B、C、D）转移系数（TF）分别为 0.15、0.16、0.12、0.12，均低于未接种组的 0.19、0.20、0.17、0.18。通过上述研究可知，Gi 会加速铀向黑麦草各个部分的转移，不过地下部分富集效应最为明显，及从枝菌根真菌 Gi 使黑麦草对铀有更强的固定作用。

以上数据与 Shtangeeva[31] 的实验结论是相符的，证明了植物根部中铀的含量超过地面上部的部分，AM 真菌对铀固定有更大作用。所以，黑麦草－AM 真菌共生体能够用来修复铀污染土壤。

5.3.5　接种 Gi 对土壤中总铀的影响

接种 Gi 和土壤总铀含量之间的关系如图 5.8 所示。对该图进行分析可以确定，经过 40 d 的实验，各组中土壤总铀的含量均有所下降。接种 Gi 组（A、B、C、D）土壤中总铀含量分别为 11.79 mg/kg、32.19 mg/kg、68.96 mg/kg、129.74 mg/kg；显著低于处理前土壤铀含量，也均低于未接种组的 15.49 mg/kg、42.75 mg/kg、90.65 mg/kg、172.99 mg/kg。说明黑麦草对铀有一定吸收，但黑麦草-Gi 真菌共生体对铀污染土壤具备良好的修复效果。经过 Gi 接种后处理的铀污染土壤铀含量是未接种处理的 0.7 倍。同时由图可知黑麦草-Gi 共生体对从 A（U：18.74 mg/kg）到 D（U：202·4 mg/kg）不同程度铀污染土壤都有修复作用。

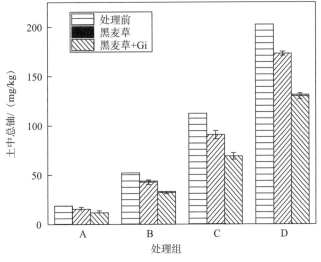

图 5.8　接种 Gi 对土壤中总铀含量的影响

5.3.6　接种 Gi 对土壤中不同形态铀的影响

本实验将土壤中铀分为可交换态（包括水溶态）铀、碳酸盐结合态铀、有机质结合态铀、无定型铁锰氧化物/氢氧化物结合态铀、晶质铁锰氧化物/氢氧化物结合态铀、残渣态铀 6 个形态，前 4 种形态铀是活性铀，晶质铁锰氧化物/氢氧化物结合态铀和残渣态铀为惰性铀。

接种 Gi 黑麦草根际土铀含量百分比：

各种形态铀的占比如图 5.9 所示。对该图进行分析可知，无定型铁锰氧化物、氢氧化物结合态铀、有机质结合态轴和碳酸盐结合态铀 3 种形态的占比是最高的，约占总铀的 50%。接种 Gi 组（A、B、C、D）土壤中可交换态铀百分比分别为 7.50%、

8.26％、10.20％、11.67％，均低于未接种组，可能是从枝菌根真菌 Gi 促进黑麦草对可交换态铀的吸收，使土壤中可交换态铀百分比降低；碳酸盐结合态铀两者差别不大；接种 Gi 组土壤中有机质结合态铀与无定型铁锰氧化物/氢氧化物结合态铀百分比明显高于未接种组；而晶质铁锰氧化物/氢氧化物结合态铀与残渣态铀百分比又明显低于未接种组。由此表明接种从枝菌根真菌 Gi 促进可交换态和碳酸盐结合态铀的吸收，促进对晶质铁锰氧化物/氢氧化物结合态铀与残渣态铀向有机质结合态铀与无定型铁锰氧化物/氢氧化物结合态铀转化。

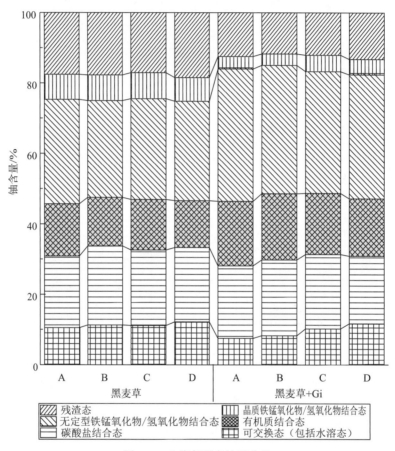

图 5.9　土壤各形态铀百分比

　　菌根共生体内可能存在着活化根际土壤铀元素的机制。本实验结果表明，有可能是 Gi 真菌代谢分泌的菌丝分泌物（球囊霉素、有机酸、植物生长素等）改变了土壤的 pH，从而促进了残渣态铀向有机质结合态铀和无定型铁锰氧化物和氢氧化物结合态铀的转化，而有机质结合态铀、无定型铁锰氧化物和氢氧化物结合态为活性态铀，容易转移。这可能是因为 AM 真菌 Gi 与黑麦草共生，导致黑麦草内部特定离子增多，而它恰好容易和有机质结合态铀、无定型铁锰氧化物、氢氧化物结合态结合。

5.3.7 接种 Gi 对根际土壤球囊霉素含量的影响

土壤中球囊霉素来自 AM 真菌根外菌丝，超过 80% 的球囊霉素依附在根外菌丝或孢子上，与菌丝壁产生复合物或进入到菌丝壁中[32]，球囊霉素对金属阳离子具有吸附或螯合作用，如果金属离子含量降低，球囊霉素会释放一部分与之结合的金属离子，所以，我们可以把球囊霉素当作土壤里面金属离子的储备库[33]。

根际土中球囊霉素含量见表 5.11，由表 5.11 可见未接种组中都不存在球囊霉素，接种 Gi 组易提取球囊霉素 （EEG） 含量分别为 65.78 mg/kg、67.11 mg/kg、68.55 mg/kg、70.22 mg/kg；总球囊霉素 （TG） 含量分别为 67.22 mg/kg、66.35 mg/kg、69.17 mg/kg、68.84 mg/kg。说明接种 Gi 有效促进菌丝分泌球囊霉素，使土壤中球囊霉素含量有所提高。

表 5.11 土壤中分离易提取球囊霉素和总球囊霉素含量   mg/kg

	处理组	EEG	TG
黑麦草	A	—	—
	B	—	—
	C	—	—
	D	—	—
黑麦草＋Gi	A	65.78 ± 2.65	67.22 ± 3.02
	B	67.11 ± 3.01	66.35 ± 1.66
	C	68.55 ± 1.65	69.17 ± 1.72
	D	70.22 ± 0.65	68.84 ± 4.68

5.3.8 接种 Gi 对根际土铀含量和球囊霉素螯合铀含量的影响

土壤中球囊霉素蛋白螯合铀含量，如表 5.12 所示。未接种组均未检测到球囊霉素螯合铀。接种 Gi 组 （A、B、C、D 组） 球囊霉素蛋白螯合铀含量分别为 78.42 mg/kg、207.26 mg/kg、371.08 mg/kg、564.56 mg/kg，均大于其根际土铀含量。说明接种 Gi 后分泌的球囊霉素会与土中铀结合，从而吸附土中的铀。而球囊霉素又吸附于黑麦草根际，因此能将铀稳定在黑麦草地下部分，这与上文黑麦草地下部分铀含量远高于地上部分相一致。

表 5.12 黑麦草根际土和球囊霉素螯合铀含量   mg/kg

处理组	处理前	处理后	
	土壤铀	根际土铀	球囊霉素螯合铀
黑麦草　A	18.74	20.62 ± 1.32	—
黑麦草　B	52.15	56.61 ± 2.03	—
黑麦草　C	112.40	118.43 ± 2.15	—
黑麦草　D	202.40	212.32 ± 3.54	—
黑麦草＋Gi　A	18.74	28.64 ± 4.06	78.42 ± 4.03
黑麦草＋Gi　B	52.15	77.60 ± 0.89	207.26 ± 1.88
黑麦草＋Gi　C	112.40	153.42 ± 3.51	371.08 ± 5.61
黑麦草＋Gi　D	202.40	245.11 ± 4.02	564.56 ± 8.63

5.3.9　接种 Gi 对黑麦草营养元素含量的影响

接种 Gi 对黑麦草 N、P、K 元素含量的影响，见图 5.10、图 5.11、图 5.12。由图可知，接种 Gi 提高了黑麦草中 N、P、K 元素含量。A、B、C、D 组中 N 元素的含量分别为 71.35 mg/kg、76.55 mg/kg、80.14 mg/kg、81.15 mg/kg，是未接种组的 3.30 倍、3.29 倍、3.35 倍和 3.36 倍，说明 Gi 有效促进黑麦草对 N 元素的吸收；A、B、C、D 组中 P 元素的含量分别为 50.12 mg/kg、52.42 mg/kg、57.54 mg/kg、57.93 mg/kg，是未接种组的 1.79 倍、1.74 倍、1.76 倍和 1.73 倍，说明 Gi 有效促进黑麦草对 P 元素的吸收；A、B、C、D 组中 K 元素的含量分别为 0.65 mg/kg、0.64 mg/kg、0.61 mg/kg、0.59 mg/kg，是未接种组的 1.59 倍、1.64 倍、1.65 倍和 1.69 倍，说明 Gi 有效促进黑麦草摄入更多的 K 元素。

上述实验结果和现有的研究成果是一致的：孟祥英[34] 课题组的研究结果表明，接种 AM 真菌促进黑麦草对营养元素的吸收，从而提高了黑麦草的生物量，这或许是因为：AM 真菌能够和宿主植物形成共生关系，在根细胞中创建共生结构，除此之外还能够在根围产生巨大的营养吸收网，进一步的扩大根系吸收面积，使植物的根部能够摄入更多的矿质营养。一系列的研究成果表明，金属对植物的毒害性，原因在于它们能够阻碍植物摄入营养元素，导致植物的生长发育得不到足够的营养。此次实验结果表明，接种 Gi 能够使黑麦草摄入更多的营养元素，阻碍根部中的铀转移到地上部分，避免植物被铀毒害，这是黑麦草能够在铀污染土壤中存活的重要原因。

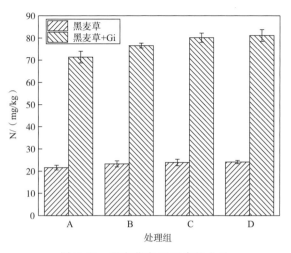

图 5.10　黑麦草中 N 元素的含量

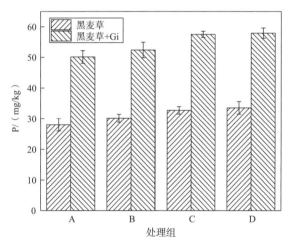

图 5.11　黑麦草中 P 元素的含量

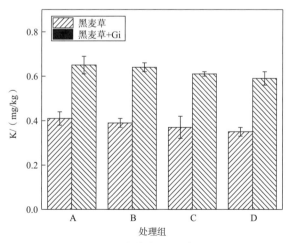

图 5.12　黑麦草中 K 元素的含量

5.3.10 接种 Gi 对土壤理化性质的影响

pH 是对植物生长状况有关键影响的因素之一，土壤 pH 会对铀在土壤中固定和活化造成影响，在植物对铀毒害抗性方面发挥着重要的作用。通常而言，pH 降低后，有利于碳酸盐和氢氧化物结合态重金属的溶解、释放，活性态铀因此而增加。所以，根际酸化后，铀的活性水平提高，从惰性无毒态铀转变成活性态，毒性得到强化，反过来，pH 升高后，惰性态铀更加固定，不容易转移，毒害性因此被削弱。

对图 5.13 进行分析能够确定，在铀浓度提升的过程中，土壤 pH 先是有所升高，达到一定的峰值后开始降低，这或许是因为 $UO_2(NO_3)_2$ 的 pH 接近 4.5，加入土中使其 pH 有所下降，供试土壤的铀浓度越高其 pH 越低。接种 Gi 组中土壤 pH 均大于未接种组。说明黑麦草－Gi 菌根共生体对土壤 pH 有更好调节作用使其能更好适应酸性环境，同时 pH 升高有利于黑麦草根部对铀的固定。

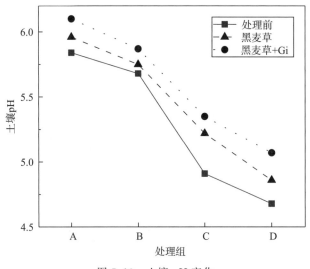

图 5.13　土壤 pH 变化

如图 5.14（a）所示，黑麦草组与黑麦草＋Gi 组土壤有机质明显低于处理前，且接种 Gi 组土壤有机质略高于未接种组。说明黑麦草生长消耗了土中有机质，而接种 Gi 后，菌根共生体促进土壤中有机质生成与转化。在铀含量不断提高的过程中，土壤里面有机质增多，证明铀对有机质在土壤中的堆积是有促进作用的，并且在有机质含量发生变化后，根际土壤中铀的形态随之也发生变化，导致更多的铀转变为有机质结合态。由此可知土壤有机质含量越高，土壤里面铀浓度也越高，植物体越难以摄入土壤中的铀，此结论与前文中接种 Gi 后，随着土壤铀浓度升高，黑麦草对铀的富集系数逐渐减小相一致。

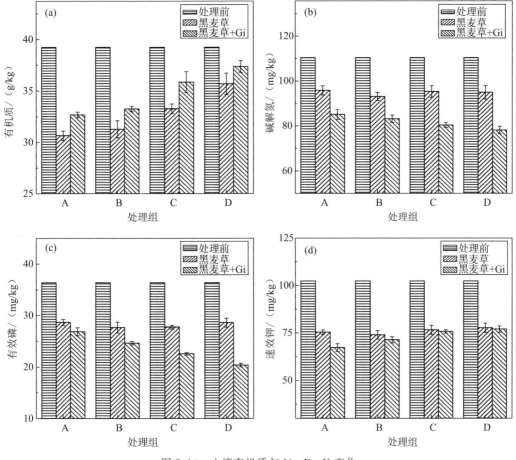

图 5.14　土壤有机质与 N、P、K 变化

　　如图 5.14（b）所示，黑麦草组与黑麦草＋Gi 组土壤碱解氮含量明显低于处理前，且接种 Gi 组土壤碱解氮含量低于未接种组。说明黑麦草生长消耗了土壤中碱解氮，而且接种 Gi 后，菌根共生体对土壤碱解氮有更强的吸收作用，从而促进了黑麦草生长。黑麦草＋Gi 组中，不断提高铀的含量，土壤中的碱解氮含量持续降低，这说明土壤中铀浓度越来越高时，为了对抗逆境黑麦草菌根共生体对土壤中碱解氮吸收越强，从而导致土壤中碱解氮含量降低。此现象与前文中接种 Gi 后随着土壤铀浓度升高，黑麦草中 N 含量升高相一致。

　　如图 5.14（c）所示，黑麦草组与黑麦草＋Gi 组土壤有效磷含量明显低于处理前，且接种 Gi 组土壤有效磷含量低于未接种组，说明黑麦草生长消耗了土壤中有效磷，且接种 Gi 后，菌根共生体对土壤中有效磷有更强的吸收作用，从而促进黑麦草生长。黑麦草＋Gi 组中，当不断提高铀浓度含量时，有效磷含量则会呈逐渐降低趋势，这说明铀污染浓度越高时，为了对抗逆境黑麦草－Gi 菌根共生体对土壤中有效磷的吸收也越强，从而导致土壤中有效磷含量降低。此现象与前文中接种 Gi 后，随着土壤铀浓度升高，黑麦草中 P 含量升高一致。

如图 5.14（d）所示，黑麦草组与黑麦草＋Gi 组土壤速效钾含量明显低于处理前，而接种 Gi 组土壤速效钾含量略低于未接种组。说明黑麦草生长消耗了土壤中有效磷，且接种 Gi 后，菌根共生体对土壤中速效钾有更强的吸收作用，从而促进黑麦草生长。黑麦草＋Gi 组随着铀污染浓度的增加，土壤中的速效钾含量呈缓慢上升趋势，此现象与前文中接种 Gi 后，随着土壤铀浓度升高，黑麦草中 K 含量降低相一致，这可能是由于随着铀浓度升高黑麦草菌根共生体对 K 的吸收降低，从而导致土壤中速效钾含量升高。

5.4 AM 真菌－植物修复铀污染土壤的机理分析

5.4.1 AM 真菌修复前后土样的红外光谱分析

本实验采用 KBr 压片法，在 4000～400 cm^{-1} 范围内使用红外光谱仪对修复前后土样进行分析，得到处理前土样（1 号）、黑麦草修复后土样（2 号）、黑麦草＋Gi 修复后土样（3 号）的红外光谱见图 5.15，对比 1 号、2 号和 3 号红外光谱曲线可知，处理前光谱与处理后相比，谱峰出现了位移。黑麦草组处理后土壤中的—OH、N—H 的伸缩振动由 3697 cm^{-1}、3529 cm^{-1} 左右向低波数移动至 3645～3442 cm^{-1} 处，峰强降低，峰形变平缓，而黑麦草＋Gi 组处理土壤—OH、N—H 的伸缩振动由 3697 cm^{-1}、3529 cm^{-1} 附近向低波数移动至 3626～3429 cm^{-1} 处，峰强比黑麦草组更低，峰形更为平缓；黑麦草组处理后土壤中的 Si—O、C—N、C—O 伸缩振动峰及 C—H 面外卷曲振动峰分别由高波数 1083 cm^{-1} 向低波数 1067 cm^{-1} 移动，而黑麦草＋Gi 组处理土壤 Si—O、C—N、C—O 伸缩振动峰及 C—H 面外卷曲振动峰分别由高波数 1083 cm^{-1} 向低波数 1065 cm^{-1} 移动；黑麦草组处理后土壤中 U—O 高波数 1067 cm^{-1} 向低波数 1043 cm^{-1} 移动，而黑麦草＋Gi 组处理土壤铀高波数 1067 cm^{-1} 向低波数 1035 cm^{-1} 移动，接种 Gi 组峰形明显比未接种组平缓且峰强较低。796 cm^{-1} 附近为 Si—C，700～500 cm^{-1} 范围及附近为卤代物 C—X，在图 5.15 中三条光谱曲线中，这两种官能团的峰位、峰形和峰强基本无变化。—OH 伸缩振动可能是醇、酚或羧酸官能团所致。处理后 C—H 伸缩振动峰及其弯曲振动峰可能是由于被取代出的 H$^+$ 与含碳化合物结合。

从光谱图可见，经生物修复后土壤结构完整。原土壤中的 C—N、C—O、C—H 基团大量存在，使土壤表面带有大量负电荷，对铀酰离子有静电吸附作用。经过黑麦草＋Gi 联合修复作用后，C—N、C—O、C—H 基团吸收峰减弱，土壤对铀的吸附能力减小，铀更容易被黑麦草富集吸收，U—O 基团相应减少，说明黑麦草＋Gi 对铀污染土壤有良好的修复作用。

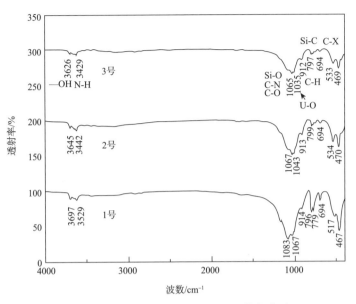

图 5.15 处理前后土壤官能团的红外光谱图

1 号—处理前农田土；2 号—黑麦草处理农田土；3 号—黑麦草＋Gi 处理农田土

5.4.2 AM 真菌对铀污染土壤修复影响因素相关性分析

1. AM 真菌对铀污染土壤中黑麦草铀含量及富集、转移的影响

AM 真菌侵染率与黑麦草地上部分铀、地下部分铀、BCF、TF 的相关性见表 5.13，其中 AM 真菌侵染率与地上部分铀、地下部分铀、BCF 呈正相关，与 TF 呈负相关。其中侵染率与地下部分铀、BCF 的相关系数相对较大，且在 0.05 水平上显著相关，这说明 AM 真菌侵染率与地下部分铀、BCF 的相关性较高。

表 5.13 真菌侵染与植物铀富集转移相关性分析

	侵染率	地上部分 U	地下部分 U	BCF	TF
侵染率	1				
地上部分 U	0.838	1			
地下部分 U	0.952*	0.766	1		
BFS	0.964*	0.885	0.874	1	
TFS	−0.813	−0.752	−0.834	−0.538	1

注：* 在 0.05 水平（双侧）上显著相关；

　　＊＊在 0.01 水平（双侧）上显著相关。

AM 真菌侵染率与地上部分铀、地下部分铀、BCF 呈正相关，与 TF 呈负相关，与上文研究结果相一致，随着铀浓度升高，接种 Gi 组侵染率增加，AM 真菌 Gi 促进黑麦草对铀的吸收，而 AM 真菌能够有效地吸附铀，使其无法从根部迁移到其他部位。

2. AM 真菌对铀污染土壤球囊霉素含量及球囊霉素螯合铀的影响

AM 真菌侵染率与 EEG、TG、球囊霉素螯合铀的相关性见表 5.14，由表可见，AM 真菌侵染率与 EEG、TG、球囊霉素螯合铀均呈负相关，且相关系数相对较大，而 AM 真菌侵染率与球囊霉素螯合铀在 0.05 水平上显著相关，这说明 AM 真菌侵染率与球囊霉素螯合铀的相关性较高。这与上文研究结果相一致，在实验设计的铀污染浓度范围内，黑麦草受到铀胁迫生物量下降，而丛枝菌根真菌增加了其抗铀性，黑麦草与丛枝菌根真菌 Gi 结合更加紧密，使得 Gi 对其侵染率上升，分泌球囊霉素增加使其能螯合和吸附更多的铀。

表 5.14 真菌侵染与土壤球囊霉素含量及球囊霉素螯合铀相关性分析

	侵染率	EEG	TG	球囊霉素螯合铀
侵染率	1			
EEG	0.861	1		
TG	0.746	0.741	1	
球囊霉素螯合铀	0.982*	0.929	0.751	1

注：* 在 0.05 水平（双侧）上显著相关；

     * * 在 0.01 水平（双侧）上显著相关。

3. AM 真菌对铀污染土壤黑麦草中总铀和氮磷钾元素的影响

AM 真菌侵染率与黑麦草总铀、N、P、K 元素含量的相关性见表 5.15，可见，其中 AM 真菌侵染率与黑麦草总铀、N、P 元素含量呈正相关，与 K 元素含量呈正相关。其中侵染率与 N、P 元素含量的相关系数相对较大，且在 0.05 水平上显著相关，这说明 AM 真菌侵染率与 N、P 元素含量的相关性较高。

表 5.15 真菌侵染与黑麦草中总铀和氮磷钾元素相关性分析

	侵染率	总铀	N	P	K
侵染率	1				
总铀	0.835	1			
N	0.954*	0.836	1		
P	0.933*	0.609	0.956*	1	
K	−0.873	−0.636	−0.822	−0.853	1

注：* 在 0.05 水平（双侧）上显著相关；

     * * 在 0.01 水平（双侧）上显著相关。

矿质元素对植物有害金属作用效应分为两种,即抑制效应和协同效应[35]。本实验结果中,黑麦草中总铀含量与 N、P 呈正相关,与 K 呈负相关。可见随着 N、P 含量的上升,铀含量呈现出相同的变化趋势。但在 K 元素含量升高的过程中,铀的含量却有所降低。这或许说明了铀与 N、P 具有协同作用,N、P 含量的增加促进了黑麦草对铀的吸收;铀对 K 具有抑制作用,铀含量的增加减少了黑麦草对 K 的吸收。

5.4.3 AM 真菌对铀污染土壤修复前后各形态铀影响分析

1. 处理前土壤不同形态铀主成分分析

处理前土壤中各种形态铀的主成分分析见表 5.16、表 5.17,主成分分析旋转空间成分图见图 5.16。由表可知,前两项主成分总贡献率为 94.964%,超过了 85%,为处理前土壤铀主要存在形式。第一主成分因子中无定型铁锰氧化物/氢氧化物结合态负荷系数较大,表明无定型铁锰氧化物/氢氧化物结合态铀的变化是决定总铀的关键因素;第二主成分因子中,有机质结合态负荷系数较大,表明有机质结合态的变化是决定总铀的关键因素。根据上述分析可知,土壤含有的各种形态铀对总铀贡献从高到低依次是:无定型铁锰氧化物/氢氧化物结合态>有机质结合态>可交换态>碳酸盐结合态>晶质铁锰氧化物/氢氧化物结合态>残渣态。

表 5.16　处理前各形态铀主成分分析

铀形态	成分		旋转后成分	
	1	2	1	2
可交换态	0.845	0.477	0.417	0.876
碳酸盐结合态	0.842	−0.536	0.997	—
有机质结合态	−0.914	0.379	−0.966	−0.215
无定型铁锰氧化物/氢氧化物结合态	−0.918	—	−0.952	−0.243
晶质铁锰氧化物/氢氧化物结合态	0.815	0.403	0.436	0.876
残渣态	−0.433	−0.547	0.161	−0.981

表 5.17　处理前各形态铀主成分

主成分	铀形态	特征值	贡献率/%	累计贡献率/%
1	无定型铁锰氧化物/氢氧化物结合态	3.954	65.893	65.893
2	有机质结合态	1.374 4	29.071	94.964

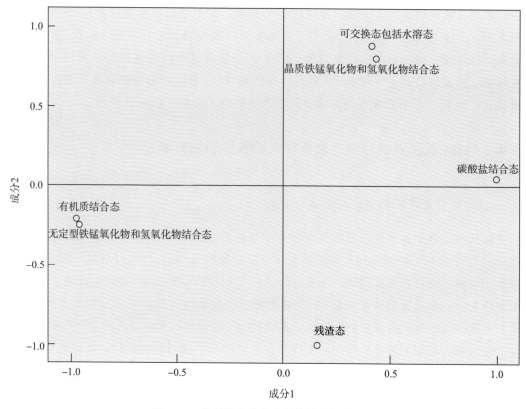

图 5.16　处理前主成分分析旋转空间成分图

2. 接种 Gi 后黑麦草根际土不同形态铀主成分分析

土壤含有的各种形态铀的主成分分析结果见表 5.18、表 5.19，前两项主成分的总贡献率为 97.228%，为处理后土壤铀主要存在形式。第一主成分因子中有机质结合态负荷系数较大，证明有机质结合态铀的波动是决定总铀的关键因素；第二主成分因子中可交换态负荷系数较大，证明可交换态的波动是决定产量的关键因素。根据上述分析可知，土壤含有的各种形态铀对总铀贡献从高到低依次是：有机质结合态＞可交换态＞晶质铁锰氧化物/氢氧化物结合态＞碳酸盐结合态＞残渣态＞无定型铁锰氧化物/氢氧化物结合态。

经黑麦草－AM 真菌修复后土壤中铀形态占比发生变化，由处理前无定型铁锰氧化物/氢氧化物结合态和有机质结合态决定总铀，变为有机质结合态和可交换态决定总铀，说明黑麦草－AM 真菌共生体使土壤中铀活化，使之更易被植物富集吸收。

表 5.18 处理后各形态铀主成分分析

铀形态	成分		旋转后成分	
	1	2	1	2
可交换态	0.954	−0.199	0.842	0.491
碳酸盐结合态	−0.797	−0.601	−0.189	−0.980
有机质结合态	−0.998	—	−0.708	−0.706
无定型铁锰氧化物/氢氧化物结合态	−0.728	0.677	−0.994	—
晶质铁锰氧化物/氢氧化物结合态	0.871	−0.380	0.902	0.301
残渣态	0.784	0.677	0.168	0.984

表 5.19 处理后各形态铀主成分

主成分	铀形态	特征值	贡献率/%	累计贡献率/%
1	有机质结合态	4.444	74.069	74.069
2	可交换态	1.390	23.159	97.228

3. 接种 Gi 对不同浓度铀污染土壤中各形态铀的影响

AM 真菌侵染率与土壤中各形态铀的相关性系数见表 5.20，其中 AM 真菌侵染率与可交换态、晶质铁锰氧化物/氢氧化物结合态、残渣态铀呈正相关，与碳酸盐结合态、有机质结合态、无定型铁锰氧化物/氢氧化物结合态铀呈负相关。其中侵染率与地上部分可交换态、无定型铁锰氧化物/氢氧化物结合态铀的相关系数相对较大，且在 0.05 水平上显著相关，这说明 AM 真菌侵染率与可交换态、无定型铁锰氧化物/氢氧化物结合态铀的相关性较高。可能接种 AM 真菌促进黑麦草对可交换态、无定型铁锰氧化物/氢氧化物结合态铀的吸收富集，也可能 AM 真菌促进土壤中可交换态、无定型铁锰氧化物/氢氧化物结合态铀的转化。

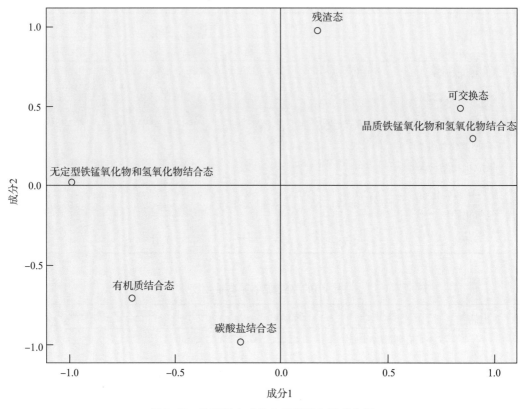

图 5.17 处理后主成分分析旋转空间成分图

表 5.20 真菌侵染与根际土各形态铀相关性分析

	侵染率	可交换态	碳酸盐结合态	有机质结合态	无定型铁锰氧化物/氢氧化物结合态	晶质铁锰氧化物/氢氧化物结合态	残渣态
侵染率	1						
可交换态	0.975*	1					
碳酸盐结合态	−0.493	−0.654	1				
有机质结合态	−0.836	−0.936*	0.824	1			
无定型铁锰氧化物/氢氧化物结合态	−0.912*	−0.853	0.179	0.690	1		
晶质铁锰氧化物/氢氧化物结合态	0.783	0.837	−0.447	−0.859	−0.858	1	
残渣态	0.435	0.612	−0.993	−0.815	−0.145	0.465	1

注：＊ 在 0.05 水平（双侧）上显著相关；

＊＊ 在 0.01 水平（双侧）上显著相关。

5.4.4　AM 真菌增强黑麦草对铀污染抗性因素分析

1. AM 真菌促进铀污染土壤中黑麦草生物量增长

如图 5.18 和表 5.21 所示，随着土壤中铀污染浓度的增加，黑麦草生物量的拟合曲线呈指数函数曲线规律，黑麦草生物量同土壤铀浓度呈负相关，在土壤的不同铀浓度处理中，施加 Gi 组的生物量均不同程度的大于未接种组，表明 AM 真菌对黑麦草生物量累积有促进作用。施加 Gi 组黑麦草地上部分生物量下降趋势较未接种组平缓，而地下部分生物量远比未接种组生物量大，表明 AM 真菌的加入对黑麦草地下部分生物量累积大于地上部分。

因此在铀污染土壤中，接种 AM 真菌 Gi 能显著促进黑麦草生长，尤其是地下部分生物量的积累，增大菌根的外表面积，能够使其吸收更多营养物质促进生长。这与前人研究一致[36-37]，AM 真菌的侵染，能够改变宿主植物根系的生物量、根长等，从而增大菌根吸收营养元素或吸附重金属的表面积。

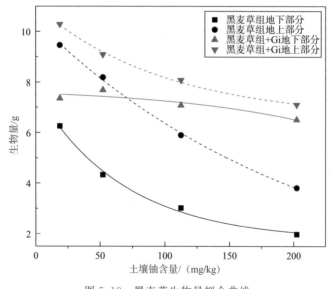

图 5.18　黑麦草生物量拟合曲线

表 5.21　黑麦草植株生物量与土壤铀浓度的变化关系

处理组	植物	拟合方程	相关系数
黑麦草组	地下部分	$y = 5.892\exp(-x/67.842) + 1.739$	0.994 9
	地上部分	$y = 10.786\exp(-x/211.605) - 0.357$	0.998 7
黑麦草＋Gi 组	地下部分	$y = -0.218\exp(x/114.554) + 7.771$	0.854 9
	地上部分	$y = 4.465\exp(-x/99.041) + 6.554$	0.996 2

2. AM 真菌促进铀污染土壤中黑麦草吸收营养元素

如表 5.22 和图 5.19、5.20、5.21 所示，随着土壤中铀污染浓度的增加，黑麦草 N、P 元素含量的拟合曲线呈幂函数曲线规律，黑麦草 N、P 含量同土壤铀浓度呈正相关；黑麦草 K 元素含量的拟合曲线呈指数函数曲线规律，黑麦草 K 含量同土壤铀浓度呈负相关，在土壤的不同铀浓度处理中，施加 Gi 组的 N、P、K 含量均不同程度的大于未接种组，表明 AM 真菌对黑麦草吸收营养元素有促进作用。

因此在铀污染土壤中，接种 AM 真菌 Gi 能显著促进黑麦草吸收营养元素，尤其是 N、P 元素的吸收，促进黑麦草生长增加其生物量积累，与上文研究结果相呼应。可能是菌根侵染扩大黑麦草根系的吸收面积，促进了黑麦草对 N、P 吸收与利用[38]；菌根侵染增加了更多的吸收位点，增加菌根植物吸收营养元素速度[39]；菌根侵染改善了根际环境，接种 AM 真菌通过分泌有机酸改变根际土壤 pH，从而增加宿主植物对 P 的吸收[40]。

表 5.22　黑麦草营养元素与土壤铀浓度的变化关系

营养元素	处理组	拟合方程	相关系数
N	黑麦草组	$y=-4.607\exp(-x/29.867)+24.084$	0.998 6
	黑麦草+Gi 组	$y=-15.163\exp(-x/45.066)+81.346$	0.999 9
P	黑麦草组	$y=-8.047\exp(-x/66.378)+34.012$	0.9566
	黑麦草+Gi 组	$y=-15.163\exp(-x/45.066)+81.346$	0.9953
K	黑麦草组	$y=0.089\exp(x/123.824)+0.333$	0.9982
	黑麦草+Gi 组	$y=0.115\exp(-x/202.740)+0.547$	0.9869

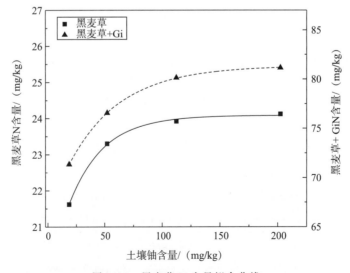

图 5.19　黑麦草 N 含量拟合曲线

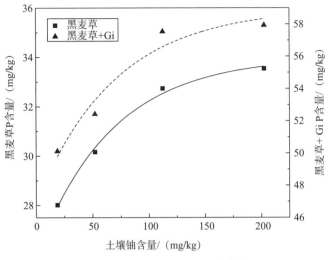

图 5.20　黑麦草 P 含量拟合曲线

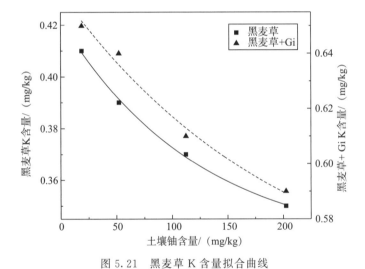

图 5.21　黑麦草 K 含量拟合曲线

3. AM 真菌促进铀污染土壤中黑麦草富集固定铀

如图 5.22 和表 5.23 所示，随着土壤中铀污染浓度的增加，黑麦草铀含量的拟合曲线呈线性规律，黑麦草铀含量同土壤铀浓度呈正相关关系，在土壤的不同铀浓度处理中，施加 Gi 组的铀含量均不同程度的大于未接种组，表明 AM 真菌的加入对铀富集有促进作用。施加 Gi 组黑麦草地上部分铀含量只是略高于未接种组，几乎可忽略不计，而地下部分铀含量远高于未接种组，表明 AM 真菌的加入对铀在黑麦草根系固定有明显促进作用。

因此在铀污染土壤中，接种根内球囊霉能显著提高黑麦草根系对铀的固持，增强菌根对重金属的固定化过程，黑麦草根系对铀的固持作用对于减缓其地上部分铀含量至关重要，能够使其在高铀土壤中正常生长。可能的机制是 AM 真菌根外菌丝具有较大的外表面积，AM 真菌菌丝或泡囊对铀具有吸附作用，使菌根固定铀的能力远比植物根系强大；另外 AM 真菌的细胞壁内游离氨基酸以及羟基和羧基等功能团能形成负电荷结构，对土壤中铀酰离子有吸附作用。这与前人研究一致[41-43]，当土壤中的重金属达到较高水平时，AM 真菌分泌的球囊霉素和真菌组织中的聚磷酸、有机酸等均能螯合过量的重金属元素。

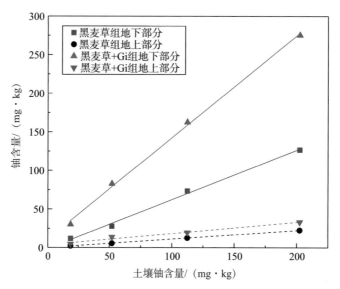

图 5.22 黑麦草铀含量拟合曲线

表 5.23 黑麦草植株铀含量与土壤铀浓度的变化关系

处理组	植物	拟合方程	R^2
黑麦草组	地下部分	$y = 0.640\ 1x - 1.080\ 1$	0.994 8
	地上部分	$y = 0.111\ 9x - 0.092\ 0$	0.999 4
黑麦草＋Gi 组	地下部分	$y = 1.322\ 2x + 10.182\ 1$	0.997 6
	地上部分	$y = 0.147\ 8x + 3.453\ 6$	0.968 0

5.5 本章小结

（1）植物与 AM 真菌的优化组合。以黑麦草、三叶草为供试植物，结果显示黑麦草组生物量、菌根侵染率、根际土壤菌丝密度、球囊霉素含量、酶活性均大于三叶草组。确定黑麦草是优势植物。将 Gi 与 Ge 以黑麦草为供试植物进行接种，结果显示添加 Gi 真菌后，黑麦草生物量、菌根侵染率根际土壤菌丝密度、球囊霉素含量、酶活性均比添加 Ge 真菌后具有较大优势，因此以黑麦草为代表植物，优势菌种 Gi 为供试 AM 真菌，研究黑麦草与 AM 真菌的联合修复效果。

（2）接种 Gi 增强黑麦草对铀的耐受性。在不同铀浓度土壤中接种 Gi 的黑麦草生物量全部超过未接种组，表明 Gi 促进黑麦草生物量增长。接种 Gi 处理后土壤中碱解氮、有机磷、速效钾均比未接种组明显减少，而且能相应增加黑麦草各个部位 N、P、K 元素的含量，分别是未处理组的 3.33 倍、1.75 倍和 1.64 倍。表明接种 Gi 促进黑麦草对土壤营养元素的吸收进而增强黑麦草对铀的耐受性。

（3）接种 Gi 有效促进黑麦草富集固定铀。不同铀浓度土壤中接种 Gi 组黑麦草的富集系数是未接种组的 2.21～2.68 倍，地下部分的富集系数是地上部分的 5.57～9.95 倍，Gi 尤其可以加强黑麦草根部对铀的富集；接种 Gi 可以促进土壤内非活性铀转化为活性铀，进而促进黑麦草对铀的富集。

（4）AM 真菌对铀污染土壤修复作用的影响研究。发现经黑麦草—AM 真菌修复后土壤结构完整，土壤中 C—N、C—O、C—H 等基团减少，土壤对铀的吸附能力减弱，U—O 基团相应减少，土壤中铀形态占比发生变化，由处理前无定型铁锰氧化物/氢氧化物结合态和有机质结合态决定总铀，变为由有机质结合态和可交换态决定总铀，并且增加其地下部分生物量积累，促进黑麦草根系对 N、P 等营养元素的吸收，增大黑麦草对铀的吸附与固定。

（5）丛枝菌根真菌对植物生长及铀富集和转运具有协同作用。菌根侵染率与球囊霉素和根际土铀含量呈良好正相关，表明 Gi 侵染黑麦草根系，并加大球囊霉素分泌而螯合土壤中离散的铀；黑麦草中铀含量与 N、P 呈显著正相关，说明黑麦草菌根共生体在促进 N、P 吸收前提下，还能加强黑麦草对铀的吸收。

参考文献：

［1］Li X L，Christie P. Changes in soil solution Zn and pH and uptake of Zn by arbuscular mycorrhizal red clover in Zn-contaminated soil ［J］. Chemosphere，2001，42：201-207.

［2］Chen B D，Liu Y，Shen H，et al. Uptake of cadmium from a experimentally contaminated calcareous soil by arbuscular mycorrhizal maize (Zea mays L.) ［J］. Mycorrhiza，2004，14（6）：347-354.

［3］Christie P，Li X L，Chen B D. Arbuscular mycorrhiza can depress translocation of zinc to shoots of host plants in soils moderately polluted with zinc ［J］. Plant and Soil，2004，261（1）：209-217.

［4］汤泽平，陈迪云，宋刚. 土壤放射性核素污染的植物修复与利用 ［J］. 安徽农业科

学，2009，37（13）：6101-6103.

[5] 荣丽杉，梁宇，刘迎九，等. 5 种植物对铀的积累特征差异研究 [J]. 环境科学与技术，2015，38（11）：33-36，56.

[6] 张尧，旧正贵，曹翠玲，等. 黑麦草幼苗对锅耐性能力及吸收积累和细胞分布特点研究 [J]. 农业环境科学学报，2010，29（11）：2080-2086.

[7] 廉欢. 黑麦草对铀污染土壤植物提取修复的根际效应研究 [D]. 东华理工大学，2018.

[8] 王瑞琨. 用电位法测定土壤 pH 值 [J]. 山西化工，2018，38（3）：64-65，76.

[9] 钱宝，刘凌，肖潇. 土壤有机质测定方法对比分析 [J]. 河海大学学报（自然科学版），2011，39（1）：34-38.

[10] 魏娜. 两种土壤碱解氮测定方法比较 [J]. 西藏农业科技，2014，36（1）：30-34.

[11] 邢晓丽，岳志红，陈瑞鸽，等. 土壤有效磷测定方法及注意事项 [J]. 河南农业，2011（4）：50-51.

[12] 崔志军. 土壤速效钾测定条件比较 [J]. 甘肃农业科技，1996（1）：27-28.

[13] 张磊，吕光辉，蒋腊梅，等. 四种荒漠植物生物量分配对土壤因子的响应及异速生长分析 [J]. 广西植物，2019（9）.

[14] 张静，唐旭利，郑克举，等. 赤红壤地区森林土壤球囊霉素相关蛋白测定方法 [J]. 生态学杂志，2014（1）：251-260.

[15] 郑文君. 蜈蚣草-AM 真菌对核素 U 污染土壤的联合修复作用 [D]. 华侨大学，2015.

[16] 于应文，徐震，苗建勋，等. 混播草地中多年生黑麦草与白三叶的生长特性及其共存表现 [J]. 草业学报，2002（3）：36-41.

[17] 李妍，宋凯旋，赵静，等. 聚乙二醇（PEG）模拟干旱胁迫对三叶草生长及抗氧化酶活性的影响 [J]. 北方园艺，2019（11）.

[18] 曹景勤. 三叶草根瘤菌高效酸菌株的选育和应用 [J]. 土壤肥料，1992（2）：37-40.

[19] 郝希超，陈晓明，罗学刚，等. 不同牧草在铀胁迫下生长及铀富集的比较研究 [J]. 核农学报，2016，30（3）：548-555.

[20] 赵继武，罗学刚，王焯，等. 黑麦草对铀胁迫的光合响应及铀吸收特性研究 [J]. 农业环境科学学报，2019，38（11）：2456-2464.

[21] 陈振江，魏学凯，曹莹，等. 禾草内生真菌检测方法研究进展 [J]. 草业科学，2017，34（7）：1419-1433.

[22] 单明娟，秦华，陈俊辉，等. 两种间作体系对丛枝菌根真菌侵染及多氯联苯去除的影响 [J]. 应用与环境生物学报，2018（3）：1-11.

[23] Rufyikiri G，Huysmans L，Wannijn J，et al. Arbuscular mycorrhizal fungi can decrease the uptake of uranium by subterranean clover grown at high levels of uranium in soil [J]. Environmental Pollution，2004，130（3）：427-436.

[24] 孙艳梅，张前兵，苗晓茸，等. 解磷细菌和丛枝菌根真菌对紫花苜蓿生产性能及地

下生物量的影响 [J]. 中国农业科学，2019 (13)：2230-2242.

[25] 高文童，张春艳，董廷发，等. 丛枝菌根真菌对不同性别组合模式下青杨雌雄植株根系生长的影响 [J]. 植物生态学报，2019，43 (1).

[26] 彭思利，申鸿，张宇亭，等. 不同丛枝菌根真菌侵染对土壤结构的影响 [J]. 生态学报，2012，32 (3)：863-870.

[27] 郭绍霞，刘润进. 不同品种牡丹对丛枝菌根真菌群落结构的影响 [J]. 应用生态学报，2010 (8)：1993-1997.

[28] 彭昌琴，徐玲玲，陈兴银，等. 丛枝菌根真菌对镉胁迫下凤仙花生理特征的影响 [J]. 江苏农业科学，2019，47 (14)：186-188.

[29] 姚高扬，华恩祥，高柏，等. 南方某铀尾矿区周边农田土壤中放射性核素的分布特征 [J]. 生态与农村环境学报，2015，31 (6)：963-966.

[30] Chen B D, Zhu Y G, Smith F A. Effect of arbuscular mycorrhizal inoculation on uranium and arsenic accumulation by Chinese brake fern (Pteris vittata L.) from a uranium mining-impacted soil [J]. Chemosphere, 2006, 62 (9)：1464-1473.

[31] Shtangeeva I. Uptake of uranium and thorium by native and cultivated plants [J]. Journal of Environmental Radioactivity, 2010, 101 (6)：458-463.

[32] Driver J D, Holben W E, Rillig M C. Characterization of glomalin as a hyphal wall component of arbuscular mycorrhizal fungi [J]. Soil Biology and Biochemistry, 2005, 37 (1)：101-106.

[33] 王明元，夏仁学，王鹏. 丛枝菌根真菌对积不同根围铁及球囊霉素螯合金属的影响 [J]. 福建农林大学学报（自然科学版），2010，39 (1)：42-46.

[34] 孟祥英. 丛枝菌根真菌对镉污染土壤中黑麦草生长的影响 [D]. 东北农业大学，2010.

[35] 计汪栋. 水生植物对 Hg^{2+}、Cu^{2+}、Ni^{2+} 胁迫的反应机理研究 [D]. 南京师范大学 2008.

[36] V. A. Johansson, M. Bahram, L. Tedersoo, et al. Specificity of fungal associations of Pyroleae and Monotropa hypopitys during germination and seedling development [J]. Molecular Ecology, 2017, 26 (9)：2591.

[37] Camilla Maciel Rabelo Pereira, Leonor C. Maia, Iván Sánchez-Castro, et al. Acaulospora papillosa, a new mycorrhizal fungus from NE Brazil, and Acaulospora rugosa from Norway [J]. Phytotaxa, 2016, 260 (1)：14-24.

[38] Xinchun Zhang, Nathan Pumplin, Sergey Ivanov, et al. EXO70I Is required for development of a sub-domain of the periarbuscular membrane during arbuscular mycorrhizal symbiosis [J]. Current Biology Cb, 2015, 25 (16)：2189-2195.

[39] 刘永俊. 丛枝菌根的生理生态功能 [J]. 西北民族大学学报（自然科学版），2008，69 (1)：54-59.

［40］Hong Sun，Yixiao Xie，Yulong Zheng，et al. The enhancement by arbuscular mycorrhizal fungi of the Cd remediation ability and bioenergy quality-related factors of five switchgrass cultivars in Cd-contaminated soil ［J］. Peerj，2018，6 (16)：e4425.

［41］Zhi Huang，Fei Zhao，Jianfeng Hua，et al. Prediction of the distribution of arbuscular mycorrhizal fungi in the metal (loid) -contaminated soils by the arsenic concentration in the fronds of Pteris vittata，L ［J］. Journal of Soils & Sediments，2018，18 (7)：2544-2551.

［42］Chunguang Liu，Zheng Dai，Mengying Cui，et al. Arbuscular mycorrhizal fungi alleviate boron toxicity in Puccinellia tenuiflora under the combined stresses of salt and drought ［J］. Environmental Pollution，2018，240：557-565.

［43］Gonzalez-Chavez M C，Carrillo-Gonzalez R，Wright S F，et al. The role of glomalin，a protein produced by arbuscular mycorrhizal fungi，in sequestering potentially toxic elements ［J］. Environ Pollut，2004，130：317323.

第6章

总结与展望

6.1 研究总结

本研究以铀矿山铀污染土壤为研究对象，选取黑麦草、三叶草和小白菜为供试植物，选择柠檬酸和丛枝菌根真菌作为调控因子，分别探究了黑麦草修复铀污染土壤的根际效应、黑麦草和小白菜间作种植模式下对铀污染土壤的修复作用机制、丛枝菌根真菌－植物联合铀污染土壤的技术与机理。主要研究结论如下：

1. 柠檬酸诱导黑麦草修复铀污染土壤

施加柠檬酸改变了铀污染土壤的理化性质，根际与非根际土壤中有机质含量、根际土壤中的铀含量、黑麦草的生物量、地上与根部的富集量和富集系数转运系数均随着柠檬酸加入量的增加而增加。柠檬酸的加入使土壤中的惰性态铀激活，一部分残渣态和晶质铁锰氧化物/氢氧化物结合态转化成可以被植物吸收的碳酸盐结合态和可交换态。根际土壤环境是植物根际释放柠檬酸与实验所施加的柠檬酸形成一个根系－柠檬酸－根际土壤的一个动态环境，柠檬酸诱导下，促进了铀在植物根际中的富集和植物根部惰性铀的转化，促进了黑麦草根系对铀的吸收。

2. 黑麦草和小白菜间作强化植物修复铀污染土壤

在高、低水平铀污染土壤条件下，间作模式对黑麦草和小白菜根际土壤 pH、有机质以及土壤微环境中酶活性、微生物数量、有机酸种类和含量均有一定的影响，间作模式下根际土壤 pH 显著降低，根际土壤中过氧化氢酶活性和脲酶活性较对照组提高达 $3\sim4$ 倍，细菌数量、真菌数量和放线菌数量较对照组也有显著提高；黑麦草和小白菜在间作模式下，根际土壤中有机酸的种类均多于其他处理组；间作黑麦草和小白菜地上部和根部铀含量与根际土壤微环境中主要指标之间均呈正相关关系。间作黑麦草和小白菜地上部生物量较单作提高了 $20.18\%\sim58.29\%$，根部生物量较单作提高了 $18.22\%\sim107.83\%$，说明间作模式促进黑麦草和小白菜的生长；地上部铀含量较单作提高了 $16.83\%\sim42\%$，根部铀含量较单作提高了 $19.35\%\sim37.32\%$，说明间作模式促进黑麦草和小白菜富集积累铀。

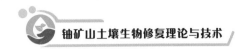

3. 丛枝菌根真菌对植物生长及铀富集和转运的作用机制

接种 AM 真菌增强黑麦草对铀的耐受性。在不同铀浓度土壤中接种 AM 真菌的黑麦草生物量全部超过未接种组，表明 AM 真菌促进黑麦草生物量增长；接种 AM 真菌处理后土壤中碱解氮、有机磷、速效钾均比未接种组明显减少，而且能相应增加黑麦草各个部位 N、P、K 元素的含量，分别是未处理组的 3.33 倍、1.75 倍和 1.64 倍，表明接种 AM 真菌促进黑麦草对土壤营养元素的吸收进而增强黑麦草对铀的耐受性；不同铀浓度土壤中接种 Gi 组黑麦草的富集系数是未接种组的 2.21～2.68 倍，地下部分的富集系数是地上部分的 5.57～9.95 倍，接种 AM 真菌有效促进黑麦草富集固定铀，加强黑麦草根部对铀的富集；接种 AM 真菌可以促进土壤内非活性铀转化为活性铀，进而促进黑麦草对铀的富集，丛枝菌根真菌对植物生长及铀富集和转运具有协同作用；菌根侵染率与球囊霉素和根际土铀含量呈良好正相关，表明 Gi 侵染黑麦草根系，并加大球囊霉素分泌而螯合土壤中离散的铀；黑麦草中铀含量与 N、P 呈显著正相关，说明黑麦草菌根共生体在促进 N、P 吸收前提下，还能加强黑麦草对铀的吸收，接种 AM 真菌有效促进黑麦草富集固定铀。

6.2 研究与展望

根据前述研究成果，仍需要对以下内容进一步研究：

（1）研究根系－土壤界面的性质对土壤中铀的化学行为的影响。

（2）在现有间作模式修复技术的基础上，还需要筛选更加合适的间作植物，比如一些对铀具有超强累积能力的植物或者一些高耐铀性、高生物量的农作物等，进一步提高间作植物对土壤铀的修复效率。

（3）在间作模式中，植物根系之间存在相互作用，且根系分泌物对根际土壤微环境及不同形态铀均存在影响，还需进一步完善研究，厘清植物间作对铀污染土壤的修复作用机理。

（4）菌根根际分泌物能够促进宿主植物吸收更多的矿质营养，强化其对铀的抗性，所以在后续的研究中，需进一步提取这些分泌物并进行分析，能够帮助我们更全面的揭示出菌根共生体吸收、转移铀的过程，更进一步的了解 AM 真菌在修复铀污染土壤方面的作用机理。